東京大学工学教程

基礎系 数学
微積分

東京大学工学教程編纂委員会 編　　時弘哲治　著

Calculus
SCHOOL OF ENGINEERING
THE UNIVERSITY OF TOKYO

丸善出版

東京大学工学教程

編纂にあたって

　東京大学工学部,および東京大学大学院工学系研究科において教育する工学はいかにあるべきか.1886年に開学した本学工学部・工学系研究科が125年を経て,改めて自問し自答すべき問いである.西洋文明の導入に端を発し,諸外国の先端技術追奪の一世紀を経て,世界の工学研究教育機関の頂点の一つに立った今,伝統を踏まえて,あらためて確固たる基礎を築くことこそ,創造を支える教育の使命であろう.国内のみならず世界から集う最優秀な学生に対して教授すべき工学,すなわち,学生が本学で学ぶべき工学を開示することは,本学工学部・工学系研究科の責務であるとともに,社会と時代の要請でもある.追奪から頂点への歴史的な転機を迎え,本学工学部・工学系研究科が執る教育を聖域として閉ざすことなく,工学の知の殿堂として世界に問う教程がこの「東京大学工学教程」である.したがって照準は本学工学部・工学系研究科の学生に定めている.本工学教程は,本学の学生が学ぶべき知を示すとともに,本学の教員が学生に教授すべき知を示す教程である.

2012年2月

　　　　2010–2011年度
　　　　東京大学工学部長・大学院工学系研究科長　北　森　武　彦

東京大学工学教程

刊行の趣旨

　現代の工学は，基礎基盤工学の学問領域と，特定のシステムや対象を取り扱う総合工学という学問領域から構成される．学際領域や複合領域は，学問の領域が伝統的な一つの基礎基盤ディシプリンに収まらずに複数の学問領域が融合したり，複合してできる新たな学問領域であり，一度確立した学際領域や複合領域は自立して総合工学として発展していく場合もある．さらに，学際化や複合化はいまや基礎基盤工学の中でも先端研究においてますます進んでいる．

　このような状況は，工学におけるさまざまな課題も生み出している．総合工学における研究対象は次第に大きくなり，経済，医学や社会とも連携して巨大複雑系社会システムまで発展し，その結果，内包する学問領域が大きくなり研究分野として自己完結する傾向から，基礎基盤工学との連携が疎かになる傾向がある．基礎基盤工学においては，限られた時間の中で，伝統的なディシプリンに立脚した確固たる工学教育と，急速に学際化と複合化を続ける先端工学研究をいかにしてつないでいくかという課題は，世界のトップ工学校に共通した教育課題といえる．また，研究最前線における現代的な研究方法論を学ばせる教育も，確固とした工学知の前提がなければ成立しない．工学の高等教育における二面性ともいえ，いずれを欠いても工学の高等教育は成立しない．

　一方，大学の国際化は当たり前のように進んでいる．東京大学においても工学の分野では大学院学生の四分の一は留学生であり，今後は学部学生の留学生比率もますます高まるであろうし，若年層人口が減少する中，わが国が確保すべき高度科学技術人材を海外に求めることもいよいよ本格化するであろう．工学の教育現場における国際化が急速に進むことは明らかである．そのような中，本学が教授すべき工学知を確固たる教程として示すことは国内に限らず，広く世界にも向けられるべきである．2020年までに本学における工学の大学院教育の7割，学部教育の3割ないし5割を英語化する教育計画はその具体策の一つであり，工学の

教育研究における国際標準語としての英語による出版はきわめて重要である．

　現代の工学を取り巻く状況を踏まえ，東京大学工学部・工学系研究科は，工学の基礎基盤を整え，科学技術先進国のトップの工学部・工学系研究科として学生が学び，かつ教員が教授するための指標を確固たるものとすることを目的として，時代に左右されない工学基礎知識を体系的に本工学教程としてとりまとめた．本工学教程は，東京大学工学部・工学系研究科のディシプリンの提示と教授指針の明示化であり，基礎（2年生後半から3年生を対象），専門基礎（4年生から大学院修士課程を対象），専門（大学院修士課程を対象）から構成される．したがって，工学教程は，博士課程教育の基盤形成に必要な工学知の徹底教育の指針でもある．工学教程の効用として次のことを期待している．

- 工学教程の全巻構成を示すことによって，各自の分野で身につけておくべき学問が何であり，次にどのような内容を学ぶことになるのか，基礎科目と自身の分野との間で学んでおくべき内容は何かなど，学ぶべき全体像を見通せるようになる．
- 東京大学工学部・工学系研究科のスタンダードとして何を教えるか，学生は何を知っておくべきかを示し，教育の根幹を作り上げる．
- 専門が進んでいくと改めて，新しい基礎科目の勉強が必要になることがある．そのときに立ち戻ることができる教科書になる．
- 基礎科目においても，工学部的な視点による解説を盛り込むことにより，常に工学への展開を意識した基礎科目の学習が可能となる．

東京大学工学教程編纂委員会　　委員長　光　石　　　衛
　　　　　　　　　　　　　　　　幹　事　吉　村　　　忍

基礎系 数学
刊行にあたって

　数学関連の工学教程は全 17 巻からなり，その相互関連は次ページの図に示すとおりである．この図における「基礎」，「専門基礎」，「専門」の分類は，数学に近い分野を専攻する学生を対象とした目安であり，矢印は各分野の相互関係および学習の順序のガイドラインを示している．その他の工学諸分野を専攻する学生は，そのガイドラインに従って，適宜選択し，学習を進めて欲しい．「基礎」は，ほぼ教養学部から 3 年程度の内容ですべての学生が学ぶべき基礎的事項であり，「専門基礎」は，4 年生から大学院で学科・専攻ごとの専門科目を理解するために必要とされる内容である．「専門」は，さらに進んだ大学院レベルの高度な内容で，「基礎」，「専門基礎」の内容を俯瞰的・統一的に理解することを目指している．

　数学は，論理の学問でありその力を訓練する場でもある．工学者はすべてこの「論理的に考える」ことを学ぶ必要がある．また，多くの分野に分かれてはいるが，相互に密接に関連しており，その全体としての統一性を意識して欲しい．

＊　　　＊　　　＊

　本書では，数学の基本中の基本である微積分学について述べる．Newton と Leibniz によって発見された微積分学は，関数を微小部分に分解し分析し（微分学），その後に微小部分を統合する（積分学）という近代科学の精神を最も顕著に表しており，あらゆる科学技術・工学の根幹である．「数」の概念導入から始まり，数列・級数，関数という基礎概念を説明したのち，1 変数の微分法，偏微分法，さらに Riemann 積分の観点から積分学を統一的に述べる．

東京大学工学教程編纂委員会
数学編集委員会

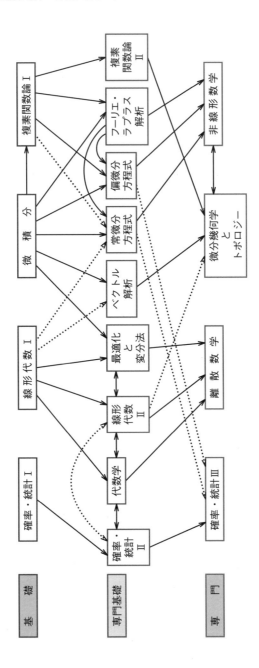

工学教程（数学分野）の相互関連図

目　　次

はじめに 1

1 基 本 概 念 3
　1.1 実　　数 3
　　　1.1.1 実 数 の 公 理 4
　　　1.1.2 自然数，整数，有理数 7
　　　1.1.3 全順序体の性質 8
　　　1.1.4 連続の公理について 10
　1.2 数 列 と 級 数 14
　　　1.2.1 数列とその極限 15
　　　1.2.2 級　　数 25
　1.3 関　　数 28
　　　1.3.1 初 等 関 数 28
　　　1.3.2 極限，連続などの厳密な定義といくつかの定理 33

2 微 分 法(1変数) 41
　2.1 微　　分 41
　　　2.1.1 微 分 の 性 質 41
　　　2.1.2 初等関数の微分 42
　　　2.1.3 逆関数の微分，高階の導関数などについて 44
　2.2 Taylor 展 開 46
　　　2.2.1 Taylor の 公 式 46
　　　2.2.2 初等関数の Taylor 展開 52
　2.3 級数と一様収束 57
　　　2.3.1 級数の収束判定法 57
　　　2.3.2 関数列と一様収束 65

x　目　次

　　　　2.3.3　べき級数 67

3　偏微分 **75**
　3.1　多変数関数の連続性と偏微分 75
　　　3.1.1　多変数関数 75
　3.2　2変数関数の偏微分と偏導関数 76
　3.3　全微分 77
　　　3.3.1　全微分の定義 79
　　　3.3.2　曲線の媒介変数表示 80
　　　3.3.3　全微分と線積分 81
　3.4　合成関数の偏微分 83
　　　3.4.1　高階の偏微分 85
　　　3.4.2　多変数関数の Taylor 展開 87
　3.5　極値問題 89
　　　3.5.1　1変数の場合 89
　　　3.5.2　2変数の場合 90
　3.6　3変数以上の偏微分と偏導関数 92
　　　3.6.1　3変数以上の関数の極値問題 94
　3.7　凸関数 96
　3.8　陰関数 98
　　　3.8.1　陰関数定理 98
　　　3.8.2　拘束条件下での極値問題 101
　　　3.8.3　曲線と包絡線 103
　3.9　距離と位相 105

4　Riemann 積分 **117**
　4.1　1変数関数の定積分 (Riemann 積分) 117
　　　4.1.1　閉区間の分割と Riemann 和 117
　　　4.1.2　Riemann 積分可能条件 118
　4.2　Darboux の定理による定式化 126
　　　4.2.1　Darbouxの定理 126
　　　4.2.2　いくつかの有用な定理 129

- 4.2.3 一様連続性 130
- 4.2.4 積分の基礎定理 135
- 4.3 広義積分 139
  - 4.3.1 広義積分の定義 139
  - 4.3.2 広義積分の収束性 141
  - 4.3.3 積分の応用 143
- 4.4 多重積分 148
  - 4.4.1 記号の定義 149
  - 4.4.2 2次元でのRiemann積分の定義 149
  - 4.4.3 累次積分 150
  - 4.4.4 有界集合上のRiemann積分 152
  - 4.4.5 Riemann積分可能性 152
- 4.5 Riemann積分の積分変数変換 154
  - 4.5.1 2次元極座標への変換 154
  - 4.5.2 一般的な変数変換 157
  - 4.5.3 高次元の場合 162
- 4.6 広義積分 164
- 4.7 多重積分の応用 166
- 4.8 パラメータに関する微積分 171

参考文献 181

索引 183

はじめに

　工学教程基礎系数学「微積分」は，工学において必要となる解析的な知識・手法の基礎的となる，微積分学についてまとめたものである．各章の内容は以下の通りである．

　第 1 章「基礎概念」では，実数の公理，数列と級数，関数の極限・連続性の定義と初等関数について説明する．実数に関しては，(1) 四則演算，(2) 全順序性，(3) 連続性，について説明し，数列および関数については，それらの定義を述べ，収束および連続性に関して，直感的な解釈と ϵ-δ 論法を用いた厳密な議論を併記して説明する．また，初等関数の説明では，指数関数を無限級数として定義し，この定義にもとづいて，三角関数，対数関数などの初等関数を定義する．

　第 2 章「微分法 (1 変数)」では，1 変数関数の微分に関して定義および基礎的な性質を述べる．初等関数の微分と導関数，合成関数および逆関数の微分について説明し，その応用として極値問題などについて説明する．応用上重要な Taylor の公式および Taylor 展開に関しては 1 節を設け詳述し，また，一様収束について説明し，級数の和と微分・積分の順序交換の可能性などについて言及する．とくに，べき級数の収束半径や項別微分可能性などについて考察する．

　第 3 章「偏微分」では，1 変数関数の微分を多変数関数に拡張して議論を行う．偏微分と全微分およびそれに関するいくつかの公式について述べる．その応用として，多変数関数の Taylor 展開，極値問題，陰関数定理などについて説明する．また，極限や連続性を抽象的に扱う枠組みである距離と位相に関して，基礎的な事項を述べる．

　第 4 章「Riemann 積分」では，まず，1 変数の Riemann 積分について解説する．微分と積分の関係を与える微積分学の基本定理を説明し，初等関数の積分，定積分の近似公式，定積分の応用として曲線の長さや回転体の体積などの計算方法について述べる．次に，1 変数の結果を多変数に拡張して多変数の Riemann 積分について解説する．変数変換とヤコビアンについて定義とその具体的な例，とくに極座標変換について説明する．広義積分やパラメータに関する微積分について解

説し，初等関数によって計算できる例をあげる．

　本書では，基礎的な微分積分学に現れる工学への応用面で必要な概念と定理をできるだけ網羅することを目標とした．そのため，重要な定理であっても，その記述のみに留め証明を割愛したものも多い．とくに，距離と位相に関しては，ほとんど証明を述べていない．また，例題についても，概念や定理の理解を助けるものを少数選んだのみである．より深い理解を得るには，一つには巻末にあげた参考文献を参照し，証明の詳細や多くの例題に接することが必要かもしれないが，微分積分学を基礎として展開される微分方程式や Fourier・Laplace 解析を学び，そこで疑問に感じたことについて改めて本書あるいは他の参考文献で調べるほうが，工学への応用という点では建設的であるように思われる．

1 基 本 概 念

微積分の基本概念である,実数,数列および関数について基本的な事柄を説明する.実数については,公理と公理から導かれる諸性質を述べる.数列および関数については,収束や連続性に関する定義・定理を中心に解説する.その際,直感的な解釈と ϵ-δ 論法を用いた厳密な議論を併記して説明する.

1.1 実　　数

最初に本書で用いる記号を定義する.

$\mathbb{N} := \{1, 2, 3, \ldots\}$　　自然数の集合

$\mathbb{N}_0 := \{0, 1, 2, \ldots\}$　　0 を含む自然数 (非負整数) の集合

$\mathbb{Z} := \{0, \pm 1, \pm 2, \ldots\}$　　整数の集合

$\mathbb{Q} :=$ 有理数の集合

$\mathbb{R} :=$ 実数の集合

$\mathbb{C} :=$ 複素数の集合

また $A := B$ あるいは $B =: A$ は「A を B によって定義する」の意味で使われる.$A \equiv B$ は「A と B は等価である」の意味で使われる.$A \Longrightarrow B$ は「A ならば B である」を意味する.$A \Longleftrightarrow B$ は「A と B は同値」,すなわち $A \Longrightarrow B$ かつ $B \Longrightarrow A$ を表す.$\forall a$ は「すべての a に対して」,$\exists a$ は「ある a が存在して」を意味する."s.t." は such that の略であり,A s.t. B は「B が成り立つような A」あるいは「A であって B が成り立つ」というように付帯条件を表す.

集合に関しては標準的な記号を用いる.集合 A, B に対して,$x \in A$ は x が A の要素であること,$A \subset B$ は A が B の部分集合であること,$A \cap B$ は A と B の交わりであり,$A \cup B$ は A と B の和集合を意味する,などである.また,空集合 (要素をもたない集合) は $\emptyset$ と表すことにする.集合 A の要素一つひとつに対して,集合 B の要素をただ一つ対応させる規則を A から B への写像という.微分積分学では,主として数の集合から数の集合への写像を考える.

歴史的には，自然数，整数，有理数，実数の順序で数体系が構築されてきたが，現代ではまず実数を公理的に定義し，その部分集合として自然数 $\mathbb{N}_0$ を定義し[*1]，整数，有理数と順に導入する教科書が主流である．本書においても，まず集合 $\mathbb{R}$ を公理的に定義することから始め，そこから演繹される事実を列挙する．これらすべてを証明することはせず，いくつか例示するに留めるが，ほとんどは直感的には当然のものである．むしろわれわれの直感に合致するよう公理を定めたと考えてよい．次節以降において，数列とその収束，関数の連続性などを論じるが，その際に重要なものは改めて証明を与えることにする．

1.1.1 実数の公理

実数とは以下の 17 個の性質 (R1)～(R17) を満たす集合である．この 17 個の性質は [1] 四則演算，[2] 順序，[3] 連続の公理，の三つに分類される．以下，$a, b, c \ldots \in \mathbb{R}$ とする．

[1] 四則の公理 (和 $(+)$ および積 $(\cdot)$[*2]が定義されているものとする)．

 (R1) $a + b = b + a$ (和の交換律)
 (R2) $(a + b) + c = a + (b + c)$ (和の結合律)
 (R3) $\exists 0, \forall a, \ a + 0 = a$ (0 の存在)
 (R4) $\forall a, \exists -a, \ a + (-a) = 0$ (和の逆元の存在)
 (R5) $a \cdot b = b \cdot a$ (積の交換律)
 (R6) $(ab)c = a(bc)$ (積の結合律)
 (R7) $a(b + c) = ab + ac, \ (a + b)c = ac + bc$ (分配律)
 (R8) $\exists 1, \forall a, \ 1 \cdot a = a$ (1 の存在)
 (R9) $\forall a, \ a \neq 0 \implies \exists a^{-1}, \ a \cdot a^{-1} = 1$ (逆元の存在)
 (R10) $1 \neq 0$ (0 以外の元の存在)

[2] 順序の公理 (順序 $(\leq)$ が定義されているものとする)．

 (R11) $a \leq a$ (反射律)
 (R12) $a \leq b$ かつ $b \leq a \implies a = b$ (反対称律)

[*1] 基礎数学，計算機科学，プログラミングなどの分野では，0 も自然数に含め，$\mathbb{N}_0$ を自然数と定義することが多い．
[*2] $a \cdot b$ を慣習で単に ab と書くことが多い．

(R13) $a \leq b$ かつ $b \leq c \implies a \leq c$　　　(推移律)
(R14) 任意の a, b に対して $a \leq b$ または $b \leq a$ が成り立つ
　　　　　　　　　　　　　　　　　　　　(全順序性)
(R15) $a \leq b \implies {}^\forall c,\ a + c \leq b + c$
(R16) $0 \leq a$ かつ $0 \leq b \implies 0 \leq ab$

[3] 連続の公理 (これにはいくつかの等価な公理が考えられる).
(R17) $A \subset \mathbb{R}$ が上に**有界**[*3]$\implies {}^\exists \sup A \in \mathbb{R}$

注意 1.1

(1) 和も積も集合 $\mathbb{R}$ の二つの要素に対して一つの要素を対応させる演算であり，$\mathbb{R}$ はこの演算について閉じている.
(2) (R1)〜(R4) を満たす集合を**加群**という.
(3) (R6), (R8) を満たし，任意の元に対し積の逆元が存在する集合を**群**という.
(4) 群であり，さらに (R5) を満たす集合を**可換群**という.
(5) (R1)〜(R4) と (R6), (R7) が満たされるとき，この性質をもつ集合を**環**という.
(6) 環であり，さらに (R5) を満たす集合を**可換環**という.
(7) (R1)〜(R10) の性質をすべてもつ集合を**体**という[*4].
(8) $a \leq b$ は $b \geq a$ とも書く.
(9) $a \leq b$ かつ $a \neq b$ のとき, $a < b$ または $b > a$ と書く.
(10) (R11)〜(R13) が成り立つ集合を**順序集合**という.
(11) さらに (R14) が成り立つとき，**全順序集合**という.
(12) (R17) において，$\sup A$ は**上限**を意味する．これらの定義と (R17) の意味するところは，1.1.4 項において説明する.

　　　　　　　　　　　　　　　　　　　　　　　　　　　　　◁

注意 1.2
(R1)〜(R17) の性質を満たす集合はすべて実数に順序体として同型であることが証明される[4]．また，その存在はその集合を定義する集合論が無矛盾である限り保証されている.　　　　　　　　　　　　　　◁

[*3] 1.1.4 項で定義を述べる.
[*4] (2)〜(7) で定義された群，環，体などについては，工学教程『代数学』で解説される．本書では，次項以降これらの概念は用いない.

例 1.1 よく知られた例をいくつか与えておく (自然数 $\mathbb{N}_0$, 整数 $\mathbb{Z}$, 有理数 $\mathbb{Q}$ の厳密な定義は次項で行う).

(1) $\mathbb{Z}$ は和に関して加群である. 偶数全体の集合も加群である.
(2) 2×2 の実行列で, 行列式が 1 となるもの全体の集合は群をなす. これは可換群ではない.
(3) 加群は, 和を積, 0 を 1 (単位元) とみなすことで可換群となる.
(4) $\mathbb{Z}$ は和と積に注目すれば可換環である.
(5) $\mathbb{Q}, \mathbb{R}, \mathbb{C}$ は体である.
(6) p を素数とする. $\mathbb{F}_p := \{0, 1, 2, \ldots, p-1\}$ において, 各要素に対して整数として和と積を行い, その結果が p 以上になれば p で割った余りをとるという演算, すなわち p を法とする和と積を定義する. たとえば, $p = 5$ とすると,

$$3 + 3 = 6 \to 1, \quad 4 + 1 = 5 \to 0, \quad 3 \cdot 3 = 9 \to 4, \quad 4 \cdot 4 = 16 \to 1$$

などである. 表 1.1, 1.2 に, 和と積の結果を示す.

表 1.1 $\mathbb{F}_5$ における和

+	0	1	2	3	4
0	0	1	2	3	4
1	1	2	3	4	0
2	2	3	4	0	1
3	3	4	0	1	2
4	4	0	1	2	3

表 1.2 $\mathbb{F}_5$ における積

×	0	1	2	3	4
0	0	0	0	0	0
1	0	1	2	3	4
2	0	2	4	1	3
3	0	3	1	4	2
4	0	4	3	2	1

この表のように, $\mathbb{F}_p$ においては, 任意の要素に対して和の逆元, および 0 以外の任意の要素に対して積の逆元が存在する. たとえば $p = 5$ では, $-1 = 4$, $4^{-1} = 4$ である. したがって, $\mathbb{F}_p$ は体になる. このように有限個の要素からなる体を**有限体**という.

(7) 集合 $\mathcal{K}$ の部分集合の全体を $\tilde{\mathcal{K}}$ とする. $A, B \in \tilde{\mathcal{K}}$ に対して, $A \subseteq B$ ならば $A \leq B$ とすると, $\tilde{\mathcal{K}}$ は順序集合になるが, 全順序集合ではない.

◁

1.1.2 自然数，整数，有理数

$\mathbb{R}$ の部分集合 $\mathcal{S}$ が**継承的**であるとは，次の二つの性質が成り立つこととする．
(S1)　$0 \in \mathcal{S}$　　　　　　　　（0 元の存在）
(S2)　$s \in \mathcal{S} \implies s+1 \in \mathcal{S}$　（再帰的写像の存在）

自然数を $\mathbb{R}$ の継承的部分集合すべてに含まれる実数と定義し，自然数全体の集合を $\mathbb{N}_0$ と書く．定義により次の定理が成り立つ．

定理 1.1 (数学的帰納法の原理) $\mathbb{N}_0$ の部分集合 $\mathcal{I}(\subseteq \mathbb{N}_0)$ が継承的であるなら $\mathcal{I} = \mathbb{N}_0$．

自然数 $2, 3, 4, \ldots \in \mathbb{N}_0$ は

$$2 := 1+1, \ 3 := 2+1, \ 4 := 3+1, \cdots$$

として与えられるものとしてよい．

自然数によって，整数の集合 $\mathbb{Z}$，有理数の集合 $\mathbb{Q}$ は次のように定義される．

$$\mathbb{Z} := \{n \in \mathbb{R} \mid n \in \mathbb{N}_0 \text{ または } -n \in \mathbb{N}_0\}$$
$$\mathbb{Q} := \{ab^{-1} \in \mathbb{R} \mid a, b \in \mathbb{Z} \text{ かつ } b \neq 0\}$$

$ab^{-1}(= b^{-1}a)$ を a/b と書く．また，$\mathbb{N}_0, \mathbb{Z}, \mathbb{Q}$ における積の演算は四則の公理 (R1)～(R10) から自然に導かれ，初等的に学んだ性質がそのまま成り立つ．

例 1.2 $\mathbb{Q}$ において $a/b + c/d = (ad+bc)/bd$．なぜなら，定義により

$$\frac{b}{b} = b^{-1} \cdot b = 1$$

などが成り立つ．したがって，

$$\frac{a}{b} + \frac{c}{d} = (bd)^{-1} \cdot (bd) \cdot \left(\frac{a}{b} + \frac{c}{d}\right)$$
$$= (bd)^{-1}\left(bd \cdot \frac{a}{b} + bd \cdot \frac{c}{d}\right) = (bd)^{-1}(ad+bc) = \frac{ad+bc}{bd}.$$

ここで分配則および積の結合律と可換性を使った．　◁

1.1.3 全順序体の性質

(R1)〜(R16) の性質をもつ集合を**全順序体**という．その性質を列挙する．

(1) 任意の a, b に対して (i) $a < b$, (ii) $a = b$, (iii) $b < a$ のうちただ一つが成立する．
(2) 加法の単位元 0，乗法の単位元 1 やその逆元に関して以下の性質が成り立つ．
   (a) (R3) を満たす元 0 はただ一つである．
   (b) (R4) を満たす $-a$ は各 a に対してただ一つである．
   (c) $-(-a) = a, \quad 0 \cdot a = 0, \quad (-1) \cdot a = -a, \quad (-1) \cdot (-1) = 1$
   (d) $a(-b) = -(ab) = (-a)b, \quad (-a)(-b) = ab$
   (e) $ab = 0$ ならば $a = 0$ または $b = 0$
   (f) $a \neq 0, b \neq 0$ として，$(-a)^{-1} = -(a^{-1}), \quad (ab)^{-1} = b^{-1}a^{-1}$
   (g) (R8) を満たす 1 はただ一つである．
   (h) (R9) を満たす a^{-1} は各 a に対してただ一つである．
(3) $0 \leq a \iff -a \leq 0$
(4) $0 < 1$
(5) 順序に関して以下の性質が成り立つ．
   (a) $a \leq b \iff 0 \leq b + (-a) \; (=: b - a)$
   (b) $a \leq b \iff -b \leq -a$
   (c) $a \leq b$ かつ $0 \leq c \implies ac \leq bc, \quad a \leq b$ かつ $c \leq 0 \implies bc \leq ac$
   (d) $a \leq b$ かつ $c \leq d \implies a + c \leq b + d$
   (e) $a \leq b$ かつ $c < d \implies a + c < b + d$
   (f) $0 < a \implies 0 < a^{-1}$
   (g) $0 < a$ かつ $0 < b \implies 0 < ab$
(6) $a < b \implies {}^\exists c, \; a < c < b$
(7) $0 \leq a$ となる a が任意の $\epsilon > 0$ に対して $a \leq \epsilon$ となるならば $a = 0$．

(証明) 以上のいくつかの基本的な性質について証明の概略を述べる．その他の性質についても同様に証明されるので，興味をもたれた方は各自で証明を試みるとよい．

(2) (a) は，元 0 および 0′ がともに (R3) を満たすとすると，(R1) も考慮して

$$0 + 0' = 0, \ 0 + 0' = 0' + 0 = 0',$$
$$\therefore \ 0 = 0'.$$

(b) は, 元 a を固定して, $a + b = 0$ となる任意の b を考える. (R3) より,
$$(-a) + (a + b) = -a + 0 = -a.$$
一方 (R1), (R2) より,
$$(-a) + (a + b) = ((-a) + a) + b = (a + (-a)) + b$$
$$= 0 + b = b + 0 = b.$$
したがって, $b = -a$. その他も同様に証明される. たとえば (f) は, (c) を用いて, $(-(a^{-1}))(-a) = ((-1)(a^{-1}))(-a)$. ここで, (R5), (R6), (R9), (c) によって,
$$((-1)(a^{-1}))(-a) = ((a^{-1})(-1))(-a) = (a^{-1})((-1)(-a))$$
$$= (a^{-1})(-(-a)) = (a^{-1})(a) = 1$$
よって, $(-a)^{-1} = -(a^{-1})$. また, (R5), (R6), (R8), (R9) を用いれば,
$$(b^{-1}a^{-1})(ab) = b^{-1}(a^{-1}(ab)) = b^{-1}((a^{-1}a)b) = b^{-1}(1 \cdot b) = b^{-1}b = 1$$
となるので, $b^{-1}a^{-1} = (ab)^{-1}$ である.

(4) (R14) と (3) より $0 \leq 1$ または $0 \leq -1$ が成り立つ. また, (R8) と (2)-(c) より, $1 \cdot 1 = (-1) \cdot (-1) = 1$. ゆえに (R16) より, $0 \leq 1$ だが, (R10) により $0 < 1$.

(5) (a) は (R15) より明らか. (b) は両辺に $(-a) + (-b)$ を加えて (R2), (R4) を用いればよい. (c) の前半は, 与えられた条件が $0 \leq b - a, \ 0 \leq c$ に等しいことより, (R16) を用いて $0 \leq (b-a)c$. (R7), (R15) により, $ac \leq bc$. その他も同様.

(6) $c = (a+b)/2$ とおく. 前節に述べたように $2 := 1 + 1$ である.
$$2 \cdot (b - c) = (1 + 1) \cdot b - (a + b) = (b + b) - (a + b) = b - a$$
であるので $b - c = 1/2(b - a)$. (4) および (R15) より $0 < 2$ であるので (5)-(f) より $0 < 1/2$. また, $b > a$ より $0 < b - a$. したがって, (5)-(g) より $0 < b - c$. $0 < c - a$ も同様.

(7) (6) より $a \neq 0$ とすると $a > 0$ であり，$a > c > 0$ を満たす c が存在し仮定に矛盾．よって $a = 0$．

■

全順序体には**絶対値**を定義することができる．

定義 1.1 (最大元，最小元，絶対値)

(1) $A \subset \mathbb{R}$ において，$M \in A$ が任意の $a \in A$ に対して，$a \leq M$ を満たすとき，$M = \max A$ と書いて A の**最大元**という．
(2) $A \subset \mathbb{R}$ において，$L \in A$ が任意の $a \in A$ に対して，$L \leq a$ を満たすとき，$L = \min A$ と書いて A の**最小元**という．
(3) $a \in \mathbb{R}$ に対して $|a| := \max[a, -a]$ を a の絶対値という．

例 1.3

(1) $A := \{x \in \mathbb{R} | 0 \leq x < 1\}(=: [0, 1))$ とすると，$\min A = 0$, $\max A$ は存在しない．
(2) $A = \mathbb{Z}, \mathbb{Q}, \mathbb{R}$ に対しては，$\min A, \max A$ は存在しない．

◁

絶対値には以下の性質がある．証明は省略する．

(1) $0 \leq |a|$
(2) $|a| = 0 \iff a = 0$
(3) $|ab| = |a||b|$
(4) $|-a| = |a|$
(5) $|a + b| \leq |a| + |b|$
(6) $|a| - |b| \leq |a - b|$

1.1.4 連続の公理について

ここでは，連続の公理 (R17)：「$A \subset \mathbb{R}$ が上に有界ならば，その上限 $\sup A \in \mathbb{R}$ が存在する．」と等価な **Dedekind** (デデキント) **の公理**について説明する．連続の公理は，1.2 節の数列や級数の収束に重要な役割を果たす．

最初に，A を $\mathbb{R}$ の部分集合 ($A \subset \mathbb{R}$) とし，連続の公理を理解するために必要な概念の定義を行う．

(1) $b \in \mathbb{R}$ が任意の $a \in A$ に対して，$a \leq b$ を満たすとき，b は A の**上界**であるという．
(2) $b \in \mathbb{R}$ が任意の $a \in A$ に対して，$b \leq a$ を満たすとき，b は A の**下界**であるという．
(3) $U(A) := \{x \in \mathbb{R} \mid x \text{ は } A \text{ の上界}\}$, $L(A) := \{x \in \mathbb{R} \mid x \text{ は } A \text{ の下界}\}$ とする．A が上に (下に) 有界であるとは，$U(A) \neq \varnothing$ ($L(A) \neq \varnothing$) であることである[*5]．
(4) $\sup A := \min U(A)$ を A の**上限**とよぶ．
(5) $\inf A := \max L(A)$ を A の**下限**とよぶ．

注意 1.3

(1) $m = \sup A$ とは，次の (i), (ii) を満たすことに等しい．
 (i) 任意の $a \in A$ に対して $a \leq m$ であり，かつ
 (ii) $x < m$ を満たす任意の x に対して，ある $a \in A$ が存在して $x < a$ を満たす．
(2) $l = \inf A$ とは，次の (i), (ii) を満たすことに等しい．
 (i) 任意の $a \in A$ に対して $l \leq a$ であり，かつ
 (ii) $l < x$ を満たす任意の x に対して，ある $a \in A$ が存在して $a < x$ を満たす．
(3) $m = \max A \implies m = \sup A$
(4) $l = \min A \implies l = \inf A$

◁

例 1.4

(1) $A := \{x \in \mathbb{R} \mid -1 < x \leq 2\}$ とするとき，$\sup A = \max A = 2$, $\inf A = -1$ であり，$\min A$ は存在しない．
(2) $A := \{x_n \in \mathbb{Q} \mid x_n = 1 - 1/(1+n), n \in \mathbb{N}_0\}$ とするとき，$\sup A = 1$, $\inf A = \min A = 0$ であり，$\max A$ は存在しない．

◁

[*5] 1.1 節冒頭に記したように，$\varnothing$ は空集合を表す．

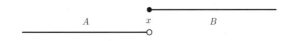

図 **1.1** Dedekind の切断

　連続の公理 (R17) は，その名のとおり，実数が途切れなく連続的に存在することを意味している．(R17) は **Weierstrass (ワイエルシュトラス) の定理**ともよばれる．「定理」とよばれるのは，他の等価な命題を (R17) のかわりに公理として採用することによって導かれるからである．

命題 1.1 次の二つの命題 (R17′), (C1) は，(R17) と等価である．
(R17′)　$A \subset \mathbb{R}$ が下に有界 $\Longrightarrow$ $^\exists \inf A \in \mathbb{R}$.
(C1) (Dedekind の公理)　$A \cup B = \mathbb{R}$ かつ $A \cap B = \varnothing$ であり，$^\forall a \in A, {}^\forall b \in B, a < b$ とする．このとき，次のどちらか一方のみが成り立つ．

(1) $\max A$ が存在する．
(2) $\min B$ が存在する．

命題 1.1 の証明を与える前に，Dedekind の公理の直感的な説明と，有理数との違いについて簡単に注意をしておく．

注意 1.4　実数の集合 $\mathbb{R}$ を数直線とみて 2 つの半直線 A, B に「切断」したとき，切断した点 (x とする) は $\sup A = \inf B = x$ を満たす．Dedekind の公理は，x が A または B のどちらか一方に属すことを意味している．(図 1.1 は B に属す場合の概念図を示している．)　◁

注意 1.5　有理数の集合 $\mathbb{Q}$ に対して，
$$A := \{x \in \mathbb{Q} \mid x^2 < 2 \text{ または } x \leq 0\},$$
$$B := \{x \in \mathbb{Q} \mid x^2 \geq 2 \text{ かつ } x > 0\}$$
とすると，$A \cup B = \mathbb{Q}$ かつ $A \cap B = \varnothing$ であり，任意の $a \in A$ と任意の $b \in B$ に対して $a < b$ が成り立つが，$\max A$ も $\min B$ も存在しない．この場合，$\sup A = \inf B = \sqrt{2} \notin \mathbb{Q}$ である．図 1.2 に概念図を示す．　◁

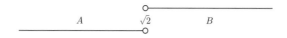

図 1.2　$\mathbb{Q}$ の切断. 切断点 ($\sqrt{2}$) はどちらの領域にも属さない.

(**証明**) (R17) $\Rightarrow$ (R17′). $A \subset \mathbb{R}$ が下に有界であるとき，任意の $a \in A$ に対して，$c \leq a$ となる $c \in \mathbb{R}$ が存在する. $A^* := \{-a \mid a \in A\} \subset \mathbb{R}$ とすると，全順序体の性質 (5)-(b) により，任意の $x \in A^*$ に対して $x \leq -c$ であるから，A^* は上に有界である. したがって，(R17) より $M := \sup A^* \in \mathbb{R}$ が存在する. $m := -M$ とすると，注意 1.3 (1), (2) を比べて，$m = \inf A$ となることがわかる. (R17′) $\Rightarrow$ (R17) もまったく同様に示される.

(R17) $\Rightarrow$ (C1). A は上に有界であるので，(R17) より $m := \sup A \in \mathbb{R}$ が存在する. このとき，任意の $b \in B$ に対して，$m \leq b$ であり，任意の $x > m$ に対して，$x' := m + (x-m)/2 \in B$ かつ $m < x' < x$ であるので，注意 1.3 (2) より $m = \inf B$ でもある. $m \in A$ であれば，$m = \max A$ であり，$m \notin B$ となるので $\min B$ は存在しない. 逆に，$m \notin A$ であれば，$m \in B$ であるので，$m = \min B$ となり $\max A$ は存在しない.

(C1) $\Rightarrow$ (R17). A が上に有界とする. $B := \{x \in \mathbb{R} \mid x$ は A の上界$\}$ とし，A' を $A' \cup B = \mathbb{R}$ かつ $A' \cap B = \emptyset$ を満たす集合とする. このとき，任意の $a' \in A'$ は A の上界ではないので，$a' < a \in A$ を満たす a が存在する. 任意の $b \in B$ に対して $a \leq b$ であるから $a' < b$ が成り立つ. よって，(C1) により，$\max A'$ または $\min B$ のどちらかが存在する. もしも，$M := \max A'$ が存在すると，M は A の上界ではないから $M < a$ となる $a \in A$ が存在する. このとき，
$$M < \frac{M+a}{2} < a$$
であるので，
$$\frac{M+a}{2} \notin A' \text{ かつ } \frac{M+a}{2} \notin B$$
となり $A' \cup B = \mathbb{R}$ に矛盾する. よって，$\min B \in \mathbb{R}$ が存在するが，上限の定義によって，$\min B = \sup A$ である. ∎

1.2 数列と級数

この節では，本書の主題である微分，積分を厳密に扱うために必要な，数列，級数および連続性に関する基本的な命題 (命題 1.4) を解説する．証明はやや抽象的であるが，定義を理解できていれば難しくはない．

最初に数列とその数列の収束について定義を行う．

定義 1.2 自然数 $\mathbb{N}$ から，実数 $\mathbb{R}$ への写像：

$$n \in \mathbb{N} \longmapsto a_n \in \mathbb{R}$$

を実数列といい，$(a_1, a_2, a_3, \ldots)$ または $\{a_n\}_{n=1}^{\infty}$ と表す．

複素数 $\mathbb{C}$ への写像の場合は複素数列とよばれる．これらの数列は無限個の要素をもつから，有限個の要素からなる数の列 $(a_1, a_2, \ldots, a_N)$ と区別するため，**無限数列**とよばれることもある．この節では，断らない限り数列とは無限数列を意味するものとする．簡単のため $\{a_n\}_{n=1}^{\infty}$ の添え字を省略して $\{a_n\}$ と記すことも多い．

定義 1.3 (数列の収束) 数列 $\{a_n\}_{n=1}^{\infty}$ が α に**収束する**とは，

$$\forall \epsilon > 0, \ \exists n_\epsilon \in \mathbb{N} \ \ \text{s.t.} \ \ n \geq n_\epsilon \Longrightarrow |a_n - \alpha| < \epsilon$$

すなわち，「任意の正の数 ϵ に対して，ある自然数 n_ϵ が存在し，$n \geq n_\epsilon$ ならば必ず $|a_n - \alpha| < \epsilon$ が成り立つ」ことであり，これを

$$\lim_{n \to +\infty} a_n = \alpha$$

と書く．

注意 1.6
(1) 数列 $\{a_n\}$ が α に収束するとは，直感的には，n を大きくしていけば a_n の値が α にいくらでも近づくことを意味している．
(2) 定義 1.3 は，どんなに小さな正の数 ϵ に対しても，n が n_ϵ 以上ならば必ず $|a_n - \alpha| < \epsilon$ となるということを意味する．無限大や無限小という概念を用いず，有限な値だけを使って定義されている点が重要である．
(3) 数列が収束しないとき，その数列は**発散する**ということもある．たとえば，$a_n = (-1)^n$ で与えられる数列 $\{a_n\}$ も発散するという． ◁

1.2.1 数列とその極限

次の命題は，数列の収束に関する基本的なものである．直感的には明らかである．

命題 1.2 数列 $\{a_n\}$, $\{b_n\}$ は収束し，$\lim_{n\to\infty} a_n = \alpha$, $\lim_{n\to\infty} b_n = \beta$ とする．また，λ を任意の定数とする．このとき，次の性質が成り立つ．

(1) $\lim_{n\to\infty} \lambda a_n = \lambda \alpha$

(2) $\lim_{n\to\infty} a_n \pm b_n = \alpha \pm \beta$

(3) $\lim_{n\to\infty} a_n b_n = \alpha \beta$

(4) 任意の $n \in \mathbb{N}$ に対して $b_n \neq 0$ かつ $\beta \neq 0$ であるとき，$\lim_{n\to\infty} a_n/b_n = \alpha/\beta$

(証明) (1) $\lambda = 0$ では自明であるので，$\lambda \neq 0$ とする．収束の定義により，任意の $\epsilon > 0$ に対して，ある n_ϵ が存在して

$$n \geq n_\epsilon \implies |a_n - \alpha| < \frac{\epsilon}{|\lambda|}$$

となる．ゆえに

$$n \geq n_\epsilon \implies |\lambda a_n - \lambda \alpha| = |\lambda||a_n - \alpha| < |\lambda|\frac{\epsilon}{|\lambda|} = \epsilon.$$

よって，(1) が成立する．

(2) 任意の $\epsilon > 0$ に対して，ある $n'_\epsilon, n''_\epsilon$ が存在して，

$$n \geq n'_\epsilon \implies |a_n - \alpha| < \frac{\epsilon}{2}, \quad n \geq n''_\epsilon \implies |b_n - \beta| < \frac{\epsilon}{2}$$

となる．したがって，$n_\epsilon := \max[n'_\epsilon, n''_\epsilon]$ とすると，

$$n \geq n_\epsilon \implies |(a_n + b_n) - (\alpha + \beta)| \leq |a_n - \alpha| + |b_n - \beta| < \frac{\epsilon}{2} + \frac{\epsilon}{2} = \epsilon.$$

よって，

$$\lim_{n\to\infty} a_n + b_n = \alpha + \beta.$$

また，(1) において $\lambda = -1$ とすれば $\lim_{n\to\infty} -b_n = -\beta$ であるから，

$$\lim_{n\to\infty} a_n - b_n = \alpha - \beta.$$

(3), (4) は読者の演習にまかせる． ∎

定義 1.4 (部分列) 数列 $\{a_n\}$ からその要素を適当に抜き出し順序を変えずに並べてつくった数列を $\{a_n\}$ の**部分列**という．すなわち，ある自然数の数列 $\{k_n\}$ ($1 \leq k_1 < k_2 < k_3 < \cdots$) によって $b_n = a_{k_n}$ と表せる数列 $\{b_n\}$ を $\{a_n\}$ の部分列とよぶ．

例 1.5 数列 $\{a_n\}$ の一般項が $a_n = 1 - 1/n$ ($n = 1, 2, 3, \ldots$) で与えられるとき，$b_n = 1 - 1/2n$ や $c_n = 1 - 1/(2n-1)$ などで与えられる数列は $\{a_n\}$ の部分列である． ◁

定義 1.5 (集積値) 数列 $\{a_n\}$ の部分列の収束する値を**集積値**という．

例 1.6 数列 $\{a_n\}$ の一般項が $a_n = (-1)^n + 1/n$ で与えられるとき，その集積値は ± 1 の 2 点である[*6]． ◁

命題 1.3 収束する数列の部分列は，その数列の収束値と同じ値に収束する．

(証明) 数列 $\{a_n\}$ が α に収束するものとする．$\{a_n\}$ の部分列 $\{b_n\}$ は $b_n = a_{k_n}$ で与えられるものとする．部分列の定義により $k_n \geq n$ である．任意の $\epsilon > 0$ に対して，ある n_ϵ が存在して，$n \geq n_\epsilon$ であれば，$|a_n - \alpha| < \epsilon$．したがって，$n \geq n_\epsilon$ ならば $k_n \geq n_\epsilon$ であるので，$|b_n - \alpha| = |a_{k_n} - \alpha| < \epsilon$．よって，$\{b_n\}$ も α に収束する． ∎

以下では実数列を扱う．$\{a_n\} := \{a_n\}_{n=1}^\infty = (a_1, a_2, a_3, \ldots)$ を実数の無限数列とする．

定義 1.6 (単調増加数列，単調減少数列)
(1) $a_1 \leq a_2 \leq a_3 \leq \cdots$ が成り立つとき，$\{a_n\}$ を**単調増加数列**とよぶ．
(2) $a_1 \geq a_2 \geq a_3 \geq \cdots$ が成り立つとき，$\{a_n\}$ を**単調減少数列**とよぶ．
(3) $a_1 < a_2 < a_3 < \cdots$ が成り立つとき，$\{a_n\}$ を**狭義単調増加数列**とよぶ．
(4) $a_1 > a_2 > a_3 > \cdots$ が成り立つとき，$\{a_n\}$ を**狭義単調減少数列**とよぶ．

[*6] もちろん，数列 $\{a_n\}$ 自身は収束しない．

例 1.7

(i) $a_n = 1 - 1/n$ であるとき，$\{a_n\}$ は狭義単調増加数列である．
(ii) $a_n = [n/3]$ ($[x]$ は x を越えない最大の整数) であるとき，$\{a_n\}$ は単調増加数列である． ◁

注意 1.7 狭義単調増加 (減少) 数列は単調増加 (減少) 数列である． ◁

定義 1.7 (有界)

(1) 任意の a_n に対して $a_n < K$ を満たす実数 K が存在するとき，数列 $\{a_n\}$ は**上に有界**という．
(2) 任意の a_n に対して $k < a_n$ を満たす実数 k が存在するとき，数列 $\{a_n\}$ は**下に有界**という．
(3) 上に有界かつ下に有界であるとき，数列 $\{a_n\}$ は**有界**であるという．
(4) 一般に，実数の部分集合 $S(\subset \mathbb{R})$ の任意の要素 s に対して $s < K$ となる実数 K が存在するとき S は上に有界という．S が下に有界であること，有界であることの定義も同様．

例 1.8

(1) $a_n = 1 - 1/n$ とすると，$a_n < 1$ が常に成り立つから $\{a_n\}$ は上に有界．
(2) $a_n = [n/3]$ とすると $\{a_n\}$ は上に有界ではない． ◁

例題 1.1

(1) $a_n = \sum\limits_{k=1}^{n} \dfrac{1}{k}$ とするとき，数列 $\{a_n\}$ は上に有界ではないことを示せ．
(2) $a_n = 1 + \sum\limits_{k=1}^{n} \dfrac{1}{k!}$ とするとき，数列 $\{a_n\}$ は上に有界であることを示せ． ◁

(解) (1) 任意の $K \in \mathbb{R}$ に対して $K < 1 + M/2$ を満たす整数 M が存在する．このとき $n = 2^M$ とすると

$$a_n = \sum_{k=1}^{n} \frac{1}{k}$$
$$\geq 1 + \frac{1}{2} + \left(\frac{1}{4} + \frac{1}{4}\right) + \left(\frac{1}{8} + \frac{1}{8} + \frac{1}{8} + \frac{1}{8}\right) + \cdots + \left(\frac{1}{2^M} + \cdots + \frac{1}{2^M}\right)$$

$$= 1 + \underbrace{\frac{1}{2} + \frac{1}{2} + \cdots + \frac{1}{2}}_{M}$$
$$= 1 + \frac{M}{2} > K$$

したがって，必ず K よりも大きな a_n が存在するから上に有界ではない．

(2) $1/n! \leq 1/2^{n-1}$ ($n \in \mathbb{N}$) である．ただし，等号は $n=1,2$ のみ成り立つ．これを用いると，
$$a_n \leq 1 + \sum_{k=1}^{n} \frac{1}{2^{k-1}} = 1 + \frac{1-(1/2)^n}{1-(1/2)} = 3 - \frac{1}{2^{n-1}}.$$

よって，$a_n < 3$ が示されるので上に有界である．

注意 1.8 $0! := 1$ と定義し，$1 + \sum_{k=1}^{n} \frac{1}{k!} \equiv \sum_{k=0}^{n} \frac{1}{k!}$ のように書くことが多い． ◁

次の性質をもつ数列が重要となる．

定義 1.8 (Cauchy 列) 数列 $\{a_n\}_{n=1}^{\infty}$ が **Cauchy** (コーシー) 列であるとは，
$${}^\forall \epsilon > 0,\ {}^\exists n_\epsilon \in \mathbb{N},\ \text{s.t.}\ n,m \geq n_\epsilon \implies |a_n - a_m| < \epsilon$$

すなわち，「任意の正の数 ϵ に対して，ある自然数 n_ϵ が存在し，$n,m \geq n_\epsilon$ ならば必ず $|a_n - a_m| < \epsilon$ が成り立つ」ことである．

例 1.9
(1) $a_n = \sum_{k=1}^{n} \frac{1}{k}$ とすると $\{a_n\}$ は Cauchy 列ではない．なぜなら，
$$a_{2n} - a_n = \frac{1}{n+1} + \frac{1}{n+2} + \cdots + \frac{1}{2n} > \underbrace{\frac{1}{2n} + \frac{1}{2n} + \cdots + \frac{1}{2n}}_{n\ \text{個}} = \frac{1}{2}$$

であるから，$0 < \epsilon < 1/2$ に対しては，どんな $n_\epsilon \in \mathbb{N}$ をとっても $m,n \geq n_\epsilon$ ならば $|a_n - a_m| < \epsilon$ とすることはできないからである．

(2) $a_n = \sum_{k=1}^{n} \frac{1}{k^2}$ とすると $\{a_n\}$ は Cauchy 列である．なぜなら $n > m$ として
$$a_n - a_m = \frac{1}{(m+1)^2} + \frac{1}{(m+2)^2} + \cdots + \frac{1}{n^2}$$

$$< \frac{1}{m(m+1)} + \frac{1}{(m+1)(m+2)} + \cdots + \frac{1}{(n-1)n}$$
$$= \frac{1}{m} - \frac{1}{m+1} + \frac{1}{m+1} - \frac{1}{m+2} + \cdots + \frac{1}{n-1} - \frac{1}{n}$$
$$= \frac{1}{m} - \frac{1}{n}$$
$$< \frac{1}{m}$$

であるから,どんなに小さな $\epsilon > 0$ に対しても $1/n_\epsilon < \epsilon$ となる正の整数 n_ϵ をとることができて,$m, n \geq n_\epsilon$ ならば $|a_n - a_m| < \epsilon$ とすることができるからである[*7] ($\lim_{n \to \infty} a_n = \pi^2/6$ であることが知られている). ◁

実数は「連続性」(R17) が重要な定義の一つである.実数の連続性には Dedekind の公理 (C1) の他にもいくつか等価な定義があり,数列の収束に深く関わっている.それらをまとめたものが以下の命題である.

命題 1.4 次の命題 (C2)–(C6) が成り立つ.
(C2) (**単調列の収束**) $\{a_n\}$ は上に有界な単調増加数列とする.このとき
$$\lim_{n \to +\infty} a_n = \sup\{a_n\}$$
(C2′) $\{a_n\}$ は下に有界な単調減少数列とする.このとき
$$\lim_{n \to +\infty} a_n = \inf\{a_n\}$$
(C3) (**Archimedes (アルキメデス) の公理**) $\forall a > 0, \forall b > 0, \exists n \in \mathbb{N}, b < na$
(C4) (**区間縮小法**) $I_n := [a_n, b_n]$ ($n \in \mathbb{N}$) かつ $I_{n+1} \subset I_n$ とする[*8]. このとき
$$\lim_{n \to +\infty}(b_n - a_n) = 0 \implies \exists \alpha \in \mathbb{R} \text{ s.t. } \lim_{n \to +\infty} a_n = \lim_{n \to +\infty} b_n = \alpha$$
(C5) (**Borzano–Weierstrass (ボルツァノ–ワイエルシュトラス) の定理**) 有界な無限実数列は必ず収束する部分列をもつ.
(C6) (**Cauchy の収束条件**) $\{a_n\}$ が収束. $\iff$ $\{a_n\}$ は Cauchy 列.

[*7] 任意の正の数 ϵ に対して,$1/N < \epsilon$ となる $N \in \mathbb{N}$ が存在することは,命題 1.4(C3) と系 1.1 参照.
[*8] 区間 $[a_n, b_n]$ は $a_n \leq x \leq b_n$ を満たす実数 x の全体を意味する.1.3.2 節を参照すること.

注意 1.9 連続の公理に関しては，次の論理関係がある[5]．

(1) (C1) $\iff$ (R17)

(2) (R17) $\implies$ (C2) $\implies$ (C3) と (C4)
　　↙ (C3) と (C6) $\impliedby$ (C5) ↗↗　　　　　　　　　　　◁

注意 1.9 (1) は命題 1.1 である．以下，注意 1.9 (2) に沿って，命題 1.4 の証明を述べることにする．

(証明) (R17) $\Rightarrow$ (C2)．$\{a_n\}$ は上に有界な単調増加数列とする．(R17) より上限 $\alpha := \sup\{a_n\}$ が存在する．注意 1.3 (1) より，任意の $\epsilon > 0$ に対して，$\alpha - \epsilon < a_{n_\epsilon}$ となる a_{n_ϵ} が存在する．$\{a_n\}$ は単調増加数列であるので，$n \geq n_\epsilon$ であれば，$\alpha - \epsilon < a_{n_\epsilon} \leq a_n$ かつ $a_n \leq \alpha$ であるから，$|a_n - \alpha| < \epsilon$ が成り立つ．よって $\lim_{n \to \infty} a_n = \alpha$ である．(R17) $\Rightarrow$ (C2$'$) も同様に証明される．

(C2) $\Rightarrow$ (C3)．$a_n := na$ となる数列 $\{a_n\}$ を考える．$a_{n+1} - a_n = a > 0$ であるので，$\{a_n\}$ は単調増加数列である．もしも，どんな $n \in \mathbb{N}$ に対しても $na \leq b$ が成り立つと仮定すると，数列 $\{a_n\}$ は上に有界となるから，(C2) によりある値 $\alpha \in \mathbb{R}$ に収束する．収束の定義により，任意の $\epsilon > 0$ に対してある $n_\epsilon \in \mathbb{N}$ が存在して $n \geq n_\epsilon$ ならば $|a_n - \alpha| < \epsilon$ であるので，$\epsilon = a/3$ とすると，

$$|a_{n_\epsilon} - \alpha| < \frac{a}{3}, \quad |a_{n_\epsilon+1} - \alpha| < \frac{a}{3}$$

一方，$a_{n_\epsilon+1} - a_{n_\epsilon} = a$ であるから

$$a = |(a_{n_\epsilon+1} - \alpha) - (a_{n_\epsilon} - \alpha)| \leq |a_{n_\epsilon} - \alpha| + |a_{n_\epsilon+1} - \alpha| < \frac{2a}{3}$$

となり，これは矛盾である．よって，仮定は正しくなく $b < na$ となる $n \in \mathbb{N}$ が存在する．

(C2) $\Rightarrow$ (C4)．図 1.3 のように $I_1 \supseteq I_2 \supseteq I_3 \cdots$ と区間が縮小されていくものとする．

区間の左端点のなす数列 $\{a_n\}$ は上に有界な単調増加数列であり，$\{b_n\}$ は下に有界な単調減少数列である．よって，(C2)，(C2$'$)

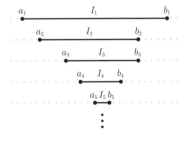

図 **1.3**　区間の縮小

より，
$$\lim_{n\to\infty} a_n = \alpha \in \mathbb{R}, \quad \lim_{n\to\infty} b_n = \beta \in \mathbb{R}$$
となる α, β が存在する．もしも $\beta < \alpha$ であるとすると，ある $n \in \mathbb{N}$ において $\beta \leq b_n < a_n \leq \alpha$ となり矛盾する．

よって $\alpha \leq \beta$．ゆえに，$0 \leq \beta - \alpha \leq b_n - a_n$ であるが，$\lim_{n\to\infty}(b_n - a_n) = 0$ であるので，$\alpha = \beta$．よって (C4) が示された．

(C3) と (C4) $\Rightarrow$ (C5). 数列 $\{a_n\}_{n=1}^\infty$ が有界であるとし，$\alpha_1 := \inf\{a_n\}$, $\beta_1 := \sup\{a_n\}$ とする．$k_1 := 1$ とする．$I_1 := [\alpha_1, \beta_1]$ とし，$c_1 := (\alpha_1 + \beta_1)/2$ とする．$[\alpha_1, c_1]$ もしくは $[c_1, \beta_1]$ のどちらかには無限個の要素が存在する．その区間を新たに $I_2 = [\alpha_2, \beta_2]$ とし，I_2 に含まれる要素のうち k_1 より大きく最も小さな番号をもつ要素を a_{k_2} とする．次に $c_2 := (\alpha_2 + \beta_2)/2$ とし，$[\alpha_2, c_2], [c_2, \beta_2]$ のうち，無限個の要素が存在する区間を新たに $I_3 = [\alpha_3, \beta_3]$ とする．I_3 に含まれる要素のうち k_2 より大きく最も小さな番号をもつ要素を a_{k_3} とする．以下，この手続を繰り返し $I_4, I_5, \ldots$ および $k_4, k_5 \ldots$ を定める．数列 $\{b_n\}$ を $b_n := a_{k_n}$ と定義すると，$\{b_n\}$ は $\{a_n\}$ の部分列であり，$\alpha_n \leq b_n \leq \beta_n$ が成り立つ．また，$\beta_n - \alpha_n = (\beta_1 - \alpha_1)/2^{n-1}$ であるので，$n \leq 2^{n-1}$ ($^\forall n \in \mathbb{N}$) に注意すると，(C3) より任意の $\epsilon > 0$ に対して $(\beta_1 - \alpha_1)/2^{n-1} < \epsilon$ となる n が存在することがわかるから[*9]，$\lim_{n\to\infty}(\beta_n - \alpha_n) = 0$．よって，(C4) より，ある実数 α が存在して，
$$\alpha = \lim_{n\to\infty} \alpha_n \leq \lim_{n\to\infty} b_n \leq \lim_{n\to\infty} \beta_n = \alpha$$
であるので，$\lim_{n\to\infty} b_n = \alpha$ となり，$\{a_n\}$ は収束する部分列を含む．

(C5) $\Rightarrow$ (C6). $\{a_n\}$ が a に収束するなら，任意の $\epsilon > 0$ に対して，ある $n_\epsilon \in \mathbb{N}$ が存在して
$$n \geq n_\epsilon \implies |a_n - a| < \frac{\epsilon}{2}$$
となるから，
$$n, m \geq n_\epsilon \implies |a_n - a_m| = |(a_n - a) - (a_m - a)| \leq |a_n - a| + |a_m - a| < \frac{\epsilon}{2} + \frac{\epsilon}{2} = \epsilon$$
であるので $\{a_n\}$ は Cauchy 列である．

逆に $\{a_n\}$ が Cauchy 列であるとすると，ある $n_1 \in \mathbb{N}$ が存在して，$n, m \geq n_1$ ならば必ず $|a_n - a_m| < 1$ となる．特に，すべての $n \geq n_1$ に対して $|a_n - a_{n_1}| < 1$

[*9] 系 1.1 および例題 1.4 も参照．

であるので，$\{a_n\}$ は有界である．したがって (C5) により，収束する部分列 $\{a_{k_n}\}$ が存在する．その収束値を a とすると，任意の $\epsilon > 0$ に対して，ある $n'_\epsilon \in \mathbb{N}$ が存在して
$$n \geq n'_\epsilon \implies |a_{k_n} - a| < \frac{\epsilon}{2}$$
また，Cauchy 列の定義により，ある $n''_\epsilon \in \mathbb{N}$ が存在して
$$n, m \geq n''_\epsilon \implies |a_n - a_m| < \frac{\epsilon}{2}$$
となる．そこで $n_\epsilon := \max[n'_\epsilon, n''_\epsilon]$ とすると，$k_n \geq n$ に注意して
$$n \geq n_\epsilon \implies |a_n - a| \leq |a_n - a_{k_n}| + |a_{k_n} - a| < \frac{\epsilon}{2} + \frac{\epsilon}{2} = \epsilon$$
よって Cauchy 列は収束する．

 (C3) と (C6) $\Rightarrow$ (R17)．$A \subset \mathbb{R}$ を上に有界な集合とする．B を A の上界全体とし，A^* を $\mathbb{R}$ から B を除いた集合とする．したがって，$A^* \cap B = \varnothing$，$A^* \cup B = \mathbb{R}$ であり，$a \in A^*$, $b \in B$ ならば $a < b$ である．

 いま，$a_1 \in A^*$, $b_1 \in B$ を任意に固定し，数列 $\{a_n\}_{n=1}^\infty$, $\{b_n\}_{n=1}^\infty$ を次のように帰納的に定める：$c_{k+1} := (a_k + b_k)/2$ $(k = 1, 2, \ldots)$ として，$c_{k+1} \in A^*$ ならば $a_{k+1} = c_{k+1}$, $b_{k+1} = b_k$, $c_{k+1} \in B$ ならば $b_{k+1} = c_k$, $a_{k+1} = a_k$．このとき，$b_{k+1} - a_{k+1} = (b_k - a_k)/2$ であるので，$0 < b_n - a_n = (b_1 - a_1)/(2^{n-1})$ であり，(C3) より，任意の $\epsilon > 0$ に対して，$(b_1 - a_1)/(2^{n_\epsilon - 1}) < \epsilon$ となる $n_\epsilon \in \mathbb{N}$ が存在するから，$\lim_{n \to \infty}(b_n - a_n) = 0$ である．また，$n, m \geq n_\epsilon$ ならば，$|a_n - a_m| < \epsilon$, $|b_n - b_m| < \epsilon$ であるので，$\{a_n\}$, および $\{b_n\}$ はともに Cauchy 列である．ゆえに (C6) より，ともに収束するが，$\lim_{n \to \infty}(b_n - a_n) = 0$ だから，どちらも同じ値に収束する．よって，ある $\alpha \in \mathbb{R}$ が存在して，
$$\lim_{n \to \infty} a_n = \lim_{n \to \infty} b_n = \alpha$$

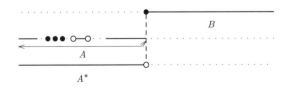

図 **1.4** 上に有界な領域 A と対応する領域 B, A^*

A の任意の要素 a に対して,b_n は A の上界だから,$a \leq b_n$ が成り立つので $a \leq \alpha$ である.ゆえに $\alpha \in B$.また,$\lim_{n \to \infty} a_n = \alpha$ であるので,もしも,$b < \alpha$ となる $b \in B$ が存在すれば,$b < a_n$ となる $a_n \in A^*$ が存在することになり矛盾を生じる.よって,$\alpha = \min B$ であるので定義によって $\alpha = \sup A$ であり,上限の存在が証明された. ∎

例 1.10
(1) 一般項が $a_n = 1 - 1/n$ である数列 $\{a_n\}$ は,単調増加数列であり,かつ上に有界であるので収束する.実際,$\lim_{n \to \infty} a_n = 1$ である.

(2) 一般項が $a_n = 1 + \sum_{k=1}^{n} \frac{1}{k!}$ である数列 $\{a_n\}$ は,単調増加数列であり,かつ上に有界であるので収束する.$\lim_{n \to \infty} a_n = 2.71828\ldots$ である[*10]. ◁

例題 1.2
一般項が次のように与えられるとき,その数列の極限を求めよ.

(1) $a_n = \dfrac{n}{1+n^2}$　(2) $a_n = \dfrac{2^n}{1+3^n}$　(3) $a_n = \dfrac{2^n}{n!}$　◁

(解) ここでは厳密性にかかわらず極限値を調べてみる.

(1) $0 < a_n = 1/(n + 1/n) < 1/n$.ゆえに,$0 \leq \lim_{n \to \infty} a_n \leq \lim_{n \to \infty} 1/n = 0$.よって $\lim_{n \to \infty} a_n = 0$.

(2) 同様に $\lim_{n \to \infty} a_n = 0$.

(3) $n \geq 2$ とすると,$n! \geq n 2^{n-2}$ であるので,$0 < a_n \leq 4/n$.したがって,$\lim_{n \to \infty} a_n = 0$.

例題 1.3
次に示す数列は収束することを示せ.

(1) $a_n = \left(1 + \dfrac{1}{n}\right)^n$　$(n = 1, 2, 3, \ldots)$

(2) $a_1 = \sqrt{1}$, $a_2 = \sqrt{1 + \sqrt{1}}$, $a_3 = \sqrt{1 + \sqrt{1 + \sqrt{1}}}, \ldots$　◁

(解) 方針のみ記す.(1), (2) ともに単調増加数列であることを示し,(1) では $a_n < 3$ を,(2) では $a_{n+1} = \sqrt{1 + a_n}$,$1 \leq a_n \leq (1 + \sqrt{5})/2$ となることを示せ

[*10] 1.3.1 項の注意 1.11 参照.

ば，上に有界な単調増加数列は収束することにより，収束することが証明される．
具体的には，(1) では

$$\left(1+\frac{1}{n}\right)^n = \sum_{k=0}^{n} {}_nC_k\, 1^{n-k}\frac{1}{n^k}$$

$$= 1 + \sum_{k=1}^{n} \frac{1}{k!}\left(1-\frac{1}{n}\right)\left(1-\frac{2}{n}\right)\cdots\left(1-\frac{k-1}{n}\right)$$

これより $a_n < a_{n+1}$ がわかる．また，$a_n < \sum_{k=0}^{n} \frac{1}{k!} < 3$ となる．
(2) では，

$$1 \le a_n \le \frac{1+\sqrt{5}}{2} \implies 1 \le \sqrt{1+a_n} \le \frac{1+\sqrt{5}}{2}$$

そして，この範囲であるなら

$$a_{n+1} - a_n = \sqrt{1+a_n} - a_n = \frac{1+a_n-a_n^2}{\sqrt{1+a_n}+a_n} \ge 0$$

に注意すればよい．

注意 1.10 有界な実数列 $\{a_n\}_{n=1}^{\infty}$ に対して，集合 $A_n := \{a_k\mid k \ge n\}$ $(n=1,2,\ldots)$ を定義し，$u_n := \sup A_n$ とする．$A_1 \supset A_2 \supset A_3 \supset \cdots$ であるので，$\{u_n\}$ は単調減少数列である．したがって，$\lim_{n\to\infty} u_n \in \mathbb{R}$ が存在する．この極限値を

$$\varlimsup_{n\to\infty} a_n$$

と書き，数列 $\{a_n\}$ の**上極限**という．

同様に，$l_n := \inf A_n$ とすると，$\{l_n\}$ は単調増加数列であり，$\lim_{n\to\infty} l_n \in \mathbb{R}$ が存在する．この極限値を

$$\varliminf_{n\to\infty} a_n$$

と書き，数列 $\{a_n\}$ の**下極限**という． ◁

例 1.11 実数列 $\{a_n\}$ の第 n 項が，$a_n = (-1)^n(1-1/n)$ で与えられるとき，

$$\varlimsup_{n\to\infty} a_n = 1, \quad \varliminf_{n\to\infty} a_n = -1$$

である． ◁

Archimedes の公理 (命題 1.4 (C3)) において, $b=1$ とすると $1 < na$ となる n が存在するから, 両辺に $1/n$ をかけて $1/n < a$ である[*11]. したがって次の系が成り立つ.

系 1.1 任意の正の実数 a に対して $1/n < a$ となる正の整数 n が存在する.

例題 1.4
(1) $a_n = 1/n$ のとき $\lim_{n\to\infty} a_n = 0$ であることを示せ.
(2) $a_n = 2^n/(1+2^{n-1})$ とすると $\lim_{n\to\infty} a_n = 2$ であることを定義に従って示せ.

◁

(解) (1) 任意の正の数 $\epsilon > 0$ に対して, 系 1.1 より $1/n_\epsilon < \epsilon$ となる正の整数 n_ϵ が存在する. よって $n_\epsilon \leq n$ ならば
$$|a_n - 0| = a_n = \frac{1}{n} \leq \frac{1}{n_\epsilon} < \epsilon$$
であり, 定義 1.3 により $\lim_{n\to\infty} a_n = 0$.
(2) $a_n = 2/(2^{-(n-1)}+1)$ である. 任意の $\epsilon > 0$ に対して $2^{-n_\epsilon} < \epsilon/4$ となる正の整数 n_ϵ が存在する[*12]. よって $n_\epsilon \leq n$ ならば
$$|a_n - 2| = \left|-\frac{2^{-n+2}}{1+2^{-n+1}}\right| < 4 \cdot 2^{-n} \leq 4 \cdot 2^{-n_\epsilon} < \epsilon$$
である. ゆえに $\lim_{n\to\infty} a_n = 2$.

1.2.2 級 数

この項では, 初等関数の説明に必要となる, 級数とその収束性について, 定義と基本的な性質を簡単に述べる. 級数の収束と関連する諸定理については, 第 2 章の 2.3 節で詳しく論じる.

[*11] $1/n$ の存在や $a, b > 0$ かつ $c > 0$ のとき, $a < b$ ならば $ac < bc$ が成立することなどは実数の定義や実数の加減乗除や順序に対する性質から導かれる.
[*12] 帰納的に示される, 正の整数 n に対して $n < 2^n$ および $2^{-n} < 1/n$ である, という事実を使っている.

定義 1.9 (級数) 数列 $\{a_n\} = (a_1, a_2, a_3, \ldots)$ に対して,

$$a_1 + a_2 + a_3 + \cdots$$

と形式的に + でつないだものを**級数**とよび,

$$\sum_{k=1}^{\infty} a_k \quad \text{あるいは単に} \quad \sum a_k$$

と表す.

定義 1.10 (級数の収束) 数列 $\{s_n\}$ を, $s_n = \sum_{k=1}^{n} a_k$ によって定義する. $\{s_n\}$ が収束するとき, 級数 $\sum_{k=1}^{\infty} a_k$ は収束するという. 収束しないとき, 発散するという.

定義 1.11 (交代級数, 絶対収束, 条件収束)
(1) 任意の $k \in \mathbb{N}$ に対して $a_k > 0$ とするとき,

$$\sum_{k=1}^{\infty} (-1)^k a_k \quad \text{または} \quad \sum_{k=1}^{\infty} (-1)^{k+1} a_k$$

の形の級数を**交代級数**という.
(2) $\sum |a_k|$ が収束するとき, $\sum a_k$ は**絶対収束**するという. 収束するが, 絶対収束しないとき **条件収束**するという.

定理 1.2 級数 $\sum_{k=1}^{\infty} a_k$ が収束するための必要十分条件は, どんな正の数 ϵ に対しても, ある正の整数 n_ϵ が存在し, 整数 n, m $(n \geq m)$ が $n, m \geq n_\epsilon$ を満たすならば必ず

$$\left| \sum_{k=m}^{n} a_k \right| < \epsilon$$

が成り立つことである.

(証明) これは数列 $\{s_n\}$ が Cauchy 列であることを意味するから命題 1.4 (C6) により収束する. ∎

この定理からただちに次の系が従う.

系 1.2 級数 $\sum_{k=1}^{\infty} a_k$ は，絶対収束するならば必ず収束する．

例 1.12
(1) $\sum_{k=1}^{\infty} (-1)^k \frac{1}{k}$ は条件収束する．

(2) 任意 $x \in \mathbb{R}$ に対して $\sum_{k=1}^{\infty} \frac{x^k}{k!}$ は絶対収束する． ◁

例題 1.5
(1) 例 1.12 の収束性を証明せよ．
(2) 一般に $\{a_n\}$ が単調減少数列で $\lim_{n\to\infty} a_n = 0$ を満たすとき，交代級数 $\sum_{k=1}^{\infty} (-1)^{k+1} a_k$ は収束することを示せ． ◁

(解) 略解のみ記す．

(1) 例 1.12 (1) では，$n - m$ が奇数とすると
$$\frac{1}{m} > \frac{1}{m} - \frac{1}{m+1} + \cdots + \frac{1}{n-1} - \frac{1}{n} > 0$$
が成り立ち，同様に偶数の場合も
$$\frac{1}{m} > \frac{1}{m} - \frac{1}{m+1} + \cdots - \frac{1}{n-1} + \frac{1}{n} > 0$$
が成り立つことを使えばよい．

例 1.12 (2) では $m > |x|$ として
$$\sum_{k=m}^{n} \frac{|x|^k}{k!} \leq \frac{|x|^m}{m!} \left\{ 1 + \frac{|x|}{m+1} + \frac{|x|^2}{(m+1)(m+2)} + \cdots \right\} < \frac{|x|^m}{m!} \frac{1}{1 - |x|/(m+1)}$$
を考えればよい．$\lim_{m\to\infty} x^m/m! = 0$ はたとえば，次のように示すことができる．$m_0 > |x|$ となる $m_0 \in \mathbb{N}$ を一つ固定する．$m > m_0$ では
$$\left| \frac{x^m}{m!} \right| \leq \frac{|x|^{m_0+1}}{m_0!} \frac{|x|^{m-m_0-1}}{(m_0+1)(m_0+2)\cdots(m-1)} \frac{1}{m} < \frac{|x|^{m_0+1}}{m_0!} \frac{1}{m}$$
ここで $|x|^{m_0+1}/m_0!$ は定数であり，$\lim_{m\to\infty} 1/m = 0$ であるから $\lim_{m\to\infty} x^m/m! = 0$．

(2) は (1) と同様にすればよい．

1.3 関　　数

定義 1.12 (関数) 数の集合から数の集合への写像を**関数**とよぶ．

関数 f が集合 X から Y への写像であり，$x \in X$ に $y \in Y$ を対応させるとき，$y = f(x)$ のように書く．x を**独立変数**，y を**従属変数**とよぶ．以降では主として $X \subseteq \mathbb{R}, Y \subseteq \mathbb{R}$ の場合を考える．ときに応じて，$\mathbb{C}$ 上の関数も考慮することがある．

1.3.1 初　等　関　数

初等関数とは，以下の関数の有限回の四則演算・合成によって得られる関数である．

(1)　[多項式]　　　　　　$a_0 + a_1 x + a_2 x^2 + \cdots + a_n x^n$ $(a_k \in \mathbb{R})$

(2)　[有理関数]　　　　　$\dfrac{a_0 + a_1 x + a_2 x^2 + \cdots + a_n x^n}{b_0 + b_1 x + b_2 x^2 + \cdots + b_m x^m}$ $(a_k, b_l \in \mathbb{R})$

(3)　[指数関数]　　　　　e^x あるいは $a > 0$ として a^x

(4)　[三角関数]　　　　　$\sin x, \cos x, \tan x$，など

(5)　[双曲線関数]　　　　$\sinh x, \cosh x, \tanh x$，など

(6)　[対数関数]　　　　　$\log x$

(7)　[逆三角関数]　　　　$\sin^{-1} x, \cos^{-1} x, \tan^{-1} x$，など

(8)　[逆双曲線関数]　　　$\sinh^{-1} x, \cosh^{-1} x, \tanh^{-1} x$，など

定義 1.13 (指数関数)　　$e^x := 1 + \sum\limits_{k=1}^{\infty} \dfrac{x^k}{k!}$

$0! := 1$ と定義し，$e^x = \sum\limits_{k=0}^{\infty} \dfrac{x^k}{k!}$ と書く．

命題 1.5 (指数関数の性質) (1) 指数関数を定義する級数は x の値にかかわらず収束する[*13] (x が複素数でもよい)．
(2) $e^x e^y = e^{x+y}$．とくに $e^{-x} = 1/e^x$ (これから $x \in \mathbb{R}$ ならば $e^x > 0$ がわかる)．
(3) $x_1 < x_2$ ならば $e^{x_1} < e^{x_2}$．

[*13]　例 2.12 参照．

(**証明**) (1) は例 1.12 (2) である．複素数の場合は絶対値をとって考えればよい．

(2) は次のように級数の和の順序を交換することで得られる[*14]：

$$\mathrm{e}^{x+y} = \sum_{k=0}^{\infty} \frac{(x+y)^k}{k!} = \sum_{k=0}^{\infty} \sum_{l=0}^{k} \frac{1}{k!} {}_k C_l \, x^l y^{k-l} = \sum_{k=0}^{\infty} \sum_{l=0}^{k} \frac{x^l y^{k-l}}{l!(k-l)!}$$

$$= \sum_{l=0}^{\infty} \sum_{m=0}^{\infty} \frac{x^l y^m}{l! m!} = \sum_{l=0}^{\infty} \frac{x^l}{l!} \sum_{m=0}^{\infty} \frac{y^m}{m!} = \mathrm{e}^x \mathrm{e}^y$$

(3) は $0 < x_1, x_2$ では自明．一般には $\mathrm{e}^{-x} = 1/\mathrm{e}^x$ に注意して示せばよい．■

注意 1.11 $\mathrm{e} := \mathrm{e}^1 = 2.71828\ldots$ を **Napier** (ネイピア) の数とよぶ．
また，2 項展開を使って x のべき乗を比較することで，$\mathrm{e}^x = \lim_{n \to \infty} (1+x/n)^n$ となることもわかる[*15]． ◁

定義 1.14 (三角関数)

(1) $\sin x := \sum_{k=0}^{\infty} (-1)^k \frac{x^{2k+1}}{(2k+1)!} = x - \frac{x^3}{3!} + \frac{x^5}{5!} - \cdots$

(2) $\cos x := \sum_{k=0}^{\infty} (-1)^k \frac{x^{2k}}{(2k)!} = 1 - \frac{x^2}{2!} + \frac{x^4}{4!} - \cdots$

(3) $\tan x := \frac{\sin x}{\cos x}$

定理 1.3 (1), (2) で定義された $\sin x, \cos x$ は高校で学んだ三角関数に一致する．

高校で学んだ三角関数とは，xy 平面の原点 O，点 A $(1,0)$ とし，単位円周上の点 P が $\angle \mathrm{POA} = \theta$ (ラジアン) を満たすとき，点 P の座標を $(\cos\theta, \sin\theta)$ と定義したものであった．この定理 1.3 の証明は初等的に行えるが，微分・積分の性質や曲線の長さの積分計算などを使用するため，なかなか厄介である[1]．ここでは，証明なしにこの定理を認めて応用を考えることにする．

次の定理を **Euler** (オイラー) の公式という．

定理 1.4 (Euler) $\mathrm{e}^{\mathrm{i}x} = \cos x + \mathrm{i}\sin x$

[*14] 定理 2.6 参照．
[*15] 厳密な証明には級数に関する収束の議論 (2.3 節参照) が必要である．

30   1 基 本 概 念

(**証明**) 定義式を代入すればよい.   ■

注意 1.12 $\cos x = (\mathrm{e}^{\mathrm{i}x} + \mathrm{e}^{-\mathrm{i}x})/2,\ \sin x = (\mathrm{e}^{\mathrm{i}x} - \mathrm{e}^{-\mathrm{i}x})/2\mathrm{i}$ である.   ◁

例題 1.6
(1) Euler の公式を用いて三角関数 $\cos x,\ \sin x$ の加法定理を導け.
(2) n を 2 以上の整数とするとき, $\sin nx,\ \cos nx$ を $\sin x,\ \cos x$ を用いて表せ. ◁

(**解**) (1) $\mathrm{e}^{\mathrm{i}(x+y)} = \mathrm{e}^{\mathrm{i}x}\mathrm{e}^{\mathrm{i}y}$ の両辺の実部と虚部を比較すれば

$$\cos(x+y) = \cos x \cos y - \sin x \sin y, \quad \sin(x+y) = \sin x \cos y + \cos x \sin y$$

を得る.
(2) 命題 1.5 (2) を繰り返し用いて, $\mathrm{e}^{\mathrm{i}nx} = (\mathrm{e}^{\mathrm{i}x})^n$ が得られる. よって, 2 項係数 $_nC_k := n!/k!(n-k)!$ を用いて

$$\cos nx + \mathrm{i}\sin nx = \sum_{k=0}^{n} {}_nC_k (\mathrm{i})^k \cos^{n-k} x \sin^k x$$

したがって,

$$\cos nx = \sum_{j=0}^{[\frac{n}{2}]} (-1)^j {}_nC_{2j} \cos^{n-2j} x \sin^{2j} x$$

$$\sin nx = \sum_{j=0}^{[\frac{n-1}{2}]} (-1)^j {}_nC_{2j+1} \cos^{n-2j-1} x \sin^{2j+1} x$$

定義 1.15 (双曲線関数)
(1) $\sinh x := \displaystyle\sum_{k=0}^{\infty} \frac{x^{2k+1}}{(2k+1)!} = x + \frac{x^3}{3!} + \frac{x^5}{5!} + \cdots$
(2) $\cosh x := \displaystyle\sum_{k=0}^{\infty} \frac{x^{2k}}{(2k)!} = 1 + \frac{x^2}{2!} + \frac{x^4}{4!} + \cdots$
(3) $\tanh x := \dfrac{\sinh x}{\cosh x}$

例題 1.7

(1) $\sinh x = (e^x - e^{-x})/2$, $\cosh x = (e^x + e^{-x})/2$ を示せ.
(2) $\cosh^2 x - \sinh^2 x = 1$ を示せ. ◁

(解) (1) は e^x の定義より.
(2) は (1) より $\left((e^x + e^{-x})/2\right)^2 - \left((e^x - e^{-x})/2\right)^2 = 1$.

定義 1.16 (対数関数) $x > 0, y \in \mathbb{R}$ とする.
$$y = \log x \xhookleftarrow{\text{def}}\xhookrightarrow{} x = e^y$$

注意 1.13 $e^{\log x} = x$, $\log e^x = x$ である. ◁

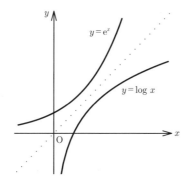

図 **1.5** 指数関数と対数関数

例題 1.8

(1) $x, y > 0$ であるとき $\log xy = \log x + \log y$ を示せ.
(2) $\log 1 = 0$, $\log e = 1$ を示せ. ◁

(解) (1) は $x = e^{\log x}$, $y = e^{\log y}$ であり $e^{\log xy} = xy = e^{\log x} e^{\log y} = e^{\log x + \log y}$ より従う.
(2) は $\log e^x = x$, $e^0 = 1$, $e^1 = e$ より.

32   1 基本概念

定義 1.17 (べき関数) $a > 0$ とする．このとき $a^x := \mathrm{e}^{(\log a)x}$．

注意 1.14 $f(x) := a^x$ とすると，$f(1) = \mathrm{e}^{\log a} = a$，$f(2) = \mathrm{e}^{(\log a)2} = \mathrm{e}^{\log a + \log a}$
$= \mathrm{e}^{\log a} \mathrm{e}^{\log a} = a^2$ などとなり，べきの初等的な概念に一致している．　◁

例題 1.9 以下を示せ．
(1) $a^{x+y} = a^x a^y$，(2) $a^0 = 1$，(3) $a^{-x} = 1/a^x$　◁

(解) (1) は $a^{x+y} = \mathrm{e}^{(\log a)(x+y)} = \mathrm{e}^{(\log a)x + (\log a)y} = \mathrm{e}^{(\log a)x} \mathrm{e}^{(\log a)y} = a^x a^y$．
(2) は $a^0 = \mathrm{e}^{(\log a)0} = \mathrm{e}^0 = 1$，(3) は $a^x a^{-x} = a^{x-x} = a^0 = 1$ より．

注意 1.15 $\alpha \in \mathbb{R}$ として，$x^\alpha = \mathrm{e}^{\alpha \log x}$ である．したがって，$n \in \mathbb{N}_0$ として $x^n = \mathrm{e}^{n \log x} = \underbrace{\mathrm{e}^{\log x} \mathrm{e}^{\log x} \cdots \mathrm{e}^{\log x}}_{n} = \underbrace{x \times x \times \cdots \times x}_{n}$ であってつじつまが合っている．　◁

定義 1.18 (単調増加関数，単調減少関数) f を区間 I で定義された関数とし，$x_1, x_2 \in I$ とするとき，
(1) $x_1 < x_2$ ならば $f(x_1) \leq f(x_2)$ が成り立つとき，f を**単調増加関数**という．
(2) さらに $x_1 < x_2$ ならば $f(x_1) < f(x_2)$ が成り立つとき，f を**狭義単調増加関数**という．
(3) $x_1 < x_2$ ならば $f(x_1) \geq f(x_2)$ が成り立つとき，f を**単調減少関数**という．
(4) さらに $x_1 < x_2$ ならば $f(x_1) > f(x_2)$ が成り立つとき，f を**狭義単調減少関数**という．

例 1.13 (1) $I = (-\infty, \infty)$ において $f(x) = \mathrm{e}^x$ は狭義単調増加関数である．
(2) $I = [0, \pi]$ で $f(x) = \cos x$ は狭義単調減少関数である．
(3) $I = [-\pi/2, \pi/2]$ で $f(x) = \sin x$ は狭義単調増加関数である．　◁

定義 1.19 (逆関数) f を区間 I で定義された連続な狭義単調増加，もしくは狭義単調減少関数とする．このとき，$y = f(x)$ ならば $x = g(y)$ と表せる関数が存在し，この g を f^{-1} と書いて，f の**逆関数**とよぶ．

注意 1.16 (1) f が連続な狭義単調増加 (減少) 関数であれば，f^{-1} も連続な狭義単調増加 (減少) 関数である．
(2) $f(f^{-1}(y)) = y$, $f^{-1}(f(x)) = x$ である． ◁

例 1.14 (1) $f(x) = e^x$ の逆関数は $\log x$ である．したがって，二つの関数のグラフは，図 1.5 に示すように，$y = x$ を対称軸として線対称である．
(2) $\cos x$ の逆関数 $\cos^{-1} x$ は，$I = [-1, 1]$ で定義され，そのとりうる値は $0 \leq \cos^{-1} x \leq \pi$ となる．($\mathrm{Arccos}\, x$ と書くことが多い．)
(3) $\sin x$ の逆関数 $\sin^{-1} x$ は，$I = [-1, 1]$ で定義され，そのとりうる値は $-\pi/2 \leq \sin^{-1} x \leq \pi/2$ となる．($\mathrm{Arcsin}\, x$ と書くことが多い[*16].) ◁

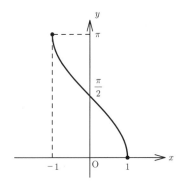

図 **1.6** $\cos^{-1} x$ のグラフ

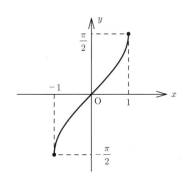

図 **1.7** $\sin^{-1} x$ のグラフ

1.3.2 極限，連続などの厳密な定義といくつかの定理

ここでは，少し厳密に極限 $\lim_{x \to a} f(x)$ について考える．連続関数に対する**中間値の定理**や**最大値の定理**を示す．

区間の表示 実数の区間については次のような表示をする．

[*16] 複素関数論では，$\sin^{-1} x$, $\cos^{-1} x$ は，定義域の一つの値に対して値域の二つ以上の要素が対応する**多価関数**を意味する．ここでの定義のように，値域を限定した 1 価関数では，$\mathrm{Arcsin}\, x$, $\mathrm{Arccos}\, x$ と表されることが多い．工学教程『複素関数論 I』参照．

(1)　$[a, b] := \{x|\ a \leq x \leq b\}$ (閉区間)
(2)　$(a, b) := \{x|\ a < x < b\}$ (開区間)
(3)　$(a, b] := \{x|\ a < x \leq b\}$
(4)　$[a, b) := \{x|\ a \leq x < b\}$
(5)　$[a, \infty) := \{x|\ a \leq x\}, \quad (-\infty, b) := \{x|x < b\}$ など

定義 1.20 関数 $f(x)$ が区間 I において**上に有界**であるとは，値域の集合 $f(I) := \{y \in \mathbb{R} | y = f(x), x \in I\}$ が上に有界であることである．このとき，$f(I)$ には上限が存在するが，これを $f(x)$ の I における**上限**という．**下に有界**，**有界**，**下限**などの定義も同様である．

定義 1.21 (極限) $\lim_{x \to a} f(x) = A$ とは，どんな (小さな) 正の数 $\epsilon > 0$ に対しても，ある正の数 δ_ϵ が存在して，$0 < |x - a| < \delta_\epsilon$ ならば必ず $|f(x) - A| < \epsilon$ となることをいう．

注意 1.17 (1) 上の内容を次のように簡略化した書き方をすることが多い．

$$\forall \epsilon > 0,\ \exists \delta_\epsilon > 0 \quad \text{s.t.} \quad 0 < |x - a| < \delta_\epsilon \implies |f(x) - A| < \epsilon$$

(2) $\lim_{x \to a-0} f(x) = A$ は a より小さいほうから a に近づけることを意味し，**左極限**とよばれる．定義を書くと，

$$\forall \epsilon > 0,\ \exists \delta_\epsilon > 0 \quad \text{s.t.} \quad 0 < a - x < \delta_\epsilon \implies |f(x) - A| < \epsilon$$

となる．同様に $\lim_{x \to a+0} f(x) = A$ は a より大きいほうから a に近づけることを意味し，**右極限**とよばれる． ◁

例 1.15 閉区間 $[0, 4]$ で定義された関数

$$f(x) = \begin{cases} x & (0 \leq x < 1) \\ 2 & (x = 1) \\ -x + 4 & (1 < x \leq 4) \end{cases}$$

では，$f(1) = 2,\ \lim_{x \to 1-0} f(x) = 1,\ \lim_{x \to 1+0} f(x) = 3$ である．$\lim_{x \to 1} f(x)$ は存在しない． ◁

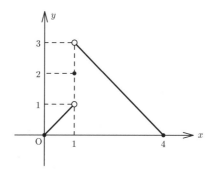

図 **1.8** 例 1.15 の関数 $f(x)$

定義 1.22 (関数の連続性) $\lim_{x \to a} f(x) = f(a)$ であるとき，関数 f は $x = a$ で**連続**であるという．また，f が区間 I の任意の点で連続であるとき，f は区間 I で連続であるという．

関数の定義された区間が明らかな場合，単に f は**連続関数**であるということが多い．

例 1.16 例 1.15 の関数 $f(x)$ は区間 $[0, 1)$ と区間 $(1, 4]$ では連続であるが，区間 $[0, 4]$ では連続ではない．この場合 $f(x)$ は $x = 1$ で**不連続**であるという． ◁

注意 1.18 (1) 定義に従って書き下すと，関数 f が $x = a$ で連続であるとは

$$\forall \epsilon > 0, \; \exists \delta_\epsilon > 0 \quad \text{s.t.} \quad |x - a| < \delta_\epsilon \implies |f(x) - f(a)| < \epsilon$$

となる．図 1.9 に示すように，連続な点では，$f(a)$ のどんなに小さな近傍 $(f(a) - \epsilon, f(a) + \epsilon)$ をとっても，$\delta_\epsilon > 0$ を ϵ に応じて十分に小さく選べば，区間 $(a - \delta_\epsilon, a + \delta_\epsilon)$ の f による像は区間 $(f(a) - \epsilon, f(a) + \epsilon)$ に含まれる．しかしながら，不連続な点では，どんなに小さな $\delta_\epsilon > 0$ を選んでも，$(a - \delta_\epsilon, a + \delta_\epsilon)$ の f による像が $(f(a) - \epsilon, f(a) + \epsilon)$ に含まれることはない．これが，連続であることの定義 1.22 の意味である．

(2) 定義 1.22 の表式 $\lim_{x \to a} f(x) = f(a)$ には，$f(x)$ の $x = a$ での値が定まっていることが要請されている．したがって，たとえば

$$f(x) = \frac{1}{x - 1}$$

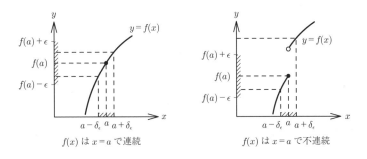

図 **1.9** ϵ-δ 論法による連続性の定義

は $x=1$ で値が定義できないので $[0,1]$ では連続ではない.しかし,$[0,1)$ では連続である. ◁

例題 1.10 (1) $f(x)$ と $g(x)$ がともに $x=a$ で連続であるとき,以下の (i)〜(iv) も $x=a$ で連続であることを示せ.
(i) $f(x)+g(x)$, (ii) $cf(x)$ $(c\in\mathbb{R})$,
(iii) $f(x)g(x)$, (iv) $f(x)/g(x)$ (ただし $g(a)\neq 0$)
(2) $f(x):=\begin{cases} \sin 1/x & (x\neq 0) \\ 0 & (x=0) \end{cases}$ とすると,$f(x)$ は $x=0$ で連続ではないことを示せ.
(3) $f(x):=\begin{cases} x\sin 1/x & (x\neq 0) \\ 0 & (x=0) \end{cases}$ とすると,$f(x)$ は $x=0$ で連続であることを示せ. ◁

(**解**) (1) (i) $f(x)$, $g(x)$ の $x=a$ での連続性より,任意の $\epsilon>0$ に対して,$\delta_\epsilon^{(1)}$, $\delta_\epsilon^{(2)}>0$ が存在して,

$$|x-a|<\delta_\epsilon^{(1)} \text{ であれば } |f(x)-f(a)|<\frac{\epsilon}{2},$$
$$|x-a|<\delta_\epsilon^{(2)} \text{ であれば } |g(x)-g(a)|<\frac{\epsilon}{2}$$

となる.したがって,$\delta_\epsilon=\min\left[\delta_\epsilon^{(1)},\delta_\epsilon^{(2)}\right]$ とすれば,$|x-a|<\delta_\epsilon$ ならば

$$|(f(x)+g(x))-(f(a)+g(a))|\leq |f(x)-f(a)|+|g(x)-g(a)|<\frac{\epsilon}{2}+\frac{\epsilon}{2}=\epsilon$$

である．したがって，連続である．(ii)〜(iv) についても同様な議論で連続とわかる．

(2) どんな $\delta_\epsilon > 0$ に対しても，整数 n を十分に大きくとると，

$$0 < \frac{1}{(n+1/2)\pi} < \delta_\epsilon$$

となり

$$x = \frac{1}{(n+1/2)\pi}$$

では

$$\sin\frac{1}{x} = \sin(n+1/2)\pi = (-1)^n$$

となるから，$0 < \epsilon < 1$ に対しては $|x-0| < \delta_\epsilon$ ならば必ず $|\sin 1/x - 0| < \epsilon$ とすることはできない．よって $x=0$ で連続ではない．

(3) 任意の $\epsilon > 0$ に対して，$\delta_\epsilon = \epsilon$ とすると，$|x-0| = |x| < \delta_\epsilon$ であれば，

$$\left|x\sin\frac{1}{x} - 0\right| = |x|\left|\sin\frac{1}{x}\right| \leq |x| < \delta_\epsilon = \epsilon$$

となる．よって $x=0$ で連続である．

次の補題は中間値の定理を証明するために用いる．

補題 1.1 閉区間 $[a,b]$ で連続な関数 $f(x)$ が，$f(a) < 0 < f(b)$ または $f(b) < 0 < f(a)$ を満たせば，(a,b) 内に $f(c) = 0$ を満たす点 $c \in (a,b)$ が存在する．

(証明) どちらでも同様に証明できるので $f(a) < 0 < f(b)$ を仮定する．
(1) $m_0 := (a+b)/2$ とする．もしも $f(m_0) = 0$ であれば $c = m_0$ とすればよい．$f(m_0) > 0 \implies a_1 := a, b_1 := m_0, \quad f(m_0) < 0 \implies a_1 := m_0, b_1 := b$ とする．このとき

$$a \leq a_1 < b_1 \leq b, \quad f(a_1) < 0 < f(b_1), \quad b_1 - a_1 = \frac{b-a}{2}$$

が成り立つ．
(2) 次に $m_1 := (a_1+b_1)/2$ とする．もしも $f(m_1) = 0$ であれば $c = m_1$ とすればよい．

$f(m_1) > 0 \implies a_2 := a_1,\ b_2 := m_1,\ f(m_1) < 0 \implies a_2 := m_1,\ b_2 := b_1$ とする．このとき

$$a \le a_1 \le a_2 < b_2 \le b_1 \le b, \quad f(a_2) < 0 < f(b_2), \quad b_2 - a_2 = \frac{b-a}{2^2}$$

が成り立つ．

(3) 以下同様にして，$m_2,\ a_3,\ b_3,\ m_3,\ a_4,\ b_4,\ \cdots$ と定めていく．この過程で $f(m_i) = 0$ となる m_i が存在すれば，求める c は m_i である．そうでないとすると，無限数列 $\{a_n\},\ \{b_n\}$ で

$${}^\forall n \in \mathbb{N},\ a \le a_1 \le a_2 \le \cdots \le a_n < b_n \le b_{n-1} \le \cdots \le b_1 \le b,$$
$$f(a_n) < 0 < f(b_n), \quad b_n - a_n = \frac{b-a}{2^n}$$

となるものが存在することになる．

(4) $\lim_{n\to\infty}(b_n - a_n) = \lim_{n\to\infty}\frac{b-a}{2^n} = 0$ であるので，命題 1.4 (C4) より

$$\lim_{n\to\infty} a_n = \lim_{n\to\infty} b_n = c \in \mathbb{R}$$

となる $c \in \mathbb{R}$ が存在する．関数 $f(x)$ は連続関数であるので

$$\lim_{n\to+\infty} f(a_n) = f(c), \quad \lim_{n\to+\infty} f(b_n) = f(c)$$

また $f(a_n) < 0 < f(b_n)$ であったから $\lim_{n\to\infty} f(a_n) = f(c) \le 0,\ \lim_{n\to\infty} f(b_n) = f(c) \ge 0$．したがって，$f(c) = 0$ となり，$f(c) = 0$ を満たす $c \in (a,b)$ の存在が証明された． ∎

定理 1.5 (中間値の定理) 閉区間 $[a,b]$ で連続な関数 $f(x)$ は，この区間で $f(a)$ と $f(b)$ の中間の任意の値をとる．

(証明) γ を $f(a)$ と $f(b)$ の中間の値とする．$f(a) = f(b)$ ならば，$\gamma = f(a)(= f(b))$ のみであるので明らかに成り立つ．したがって，$f(a) \ne f(b)$ とする．$\gamma = f(a)$ または $\gamma = f(b)$ であれば，定理は明らかに成立するので，$\gamma \ne f(a),\ \gamma \ne f(b)$ とする．このとき，$\tilde{f}(x) := f(x) - \gamma$ とすると，$\tilde{f}(x)$ は区間 $[a,b]$ で連続であり，$\tilde{f}(a) > 0 > \tilde{f}(b)$ または $\tilde{f}(a) < 0 < \tilde{f}(b)$ を満たす．したがって，補題より，ある実数 $c \in (a,b)$ が存在し，$\tilde{f}(c) = 0$ を満たす．ゆえに $f(c) = \gamma$ となる c が存在する． ∎

次の定理も直感的には明らかであろう．

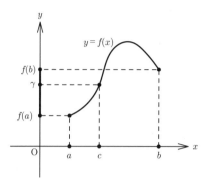

図 **1.10** 中間値の定理. $\gamma = f(c)$ となる c が $[a,b]$ 内に存在する.

定理 1.6 (最大値の定理) 閉区間 $[a,b]$ で連続な関数は，そこで最大値および最小値をとる．

(証明) 証明は，(1) 閉区間で連続な関数は有界であること，(2) この関数を $f(x)$, $I := [a,b]$, その上限を μ とし，$\mu \notin f(I)$ とすると，$1/(f(x) - \mu)$ は I で連続であるが，有界ではなくなることから示される．(1) は中間値の定理と同様に，2分法をうまく使って証明する．

(1) の証明: $f(x)$ が区間 $[a,b]$ で有界ではないと仮定する．$m_0 = (a+b)/2$ とすると，閉区間 $[a, m_0]$ または $[m_0, b]$ のどちらかの区間では $f(x)$ は有界ではない．有界でないほうを新たに $[a_1, b_1]$ とおく．これに対して $m_1 := (a_1 + b_1)/2$ とすると，$[a_1, m_1]$ または $[m_1, b_1]$ のどちらかの閉区間では $f(x)$ は有界ではない．以下同様にして，その区間では $f(x)$ が有界でない閉区間列 $[a_n, b_n]$ $(n = 1, 2, 3, \ldots)$ が存在する．

中間値の定理の証明と同様にしてある $c \in [a, b]$ が存在して，$\lim_{n \to \infty} a_n = \lim_{n \to \infty} b_n = c$ を満たす．$f(x)$ は連続であるので，とくに $x = c$ での連続性を考えると，任意の $\epsilon > 0$ に対して，ある $\delta_\epsilon > 0$ が存在して

$$x \in (c - \delta_\epsilon, c + \delta_\epsilon) \cap [a, b] \implies |f(x) - f(c)| < \epsilon \implies |f(x)| < |f(c)| + \epsilon$$

一方 $\lim_{n \to \infty} (b_n - a_n) = 0$ より，十分大きな n を考えると $[a_n, b_n] \subset (c - \delta_\epsilon, c + \delta_\epsilon)$ であるので，

$${}^\forall x \in [a_n, b_n] \implies |f(x)| < |f(c)| + \epsilon$$

これは $f(x)$ が閉区間 $[a_n, b_n]$ で有界であることを意味し，有界でないとした仮定と矛盾する．よって，$f(x)$ は有界である．

(2) の証明：　$f(x)$ は有界であるのでその上限 μ が存在する．ここで，μ が区間 I での $f(x)$ の上限であるとは

$$^\forall x \in I, \ f(x) \leq \mu, \ \text{かつ}$$

$$^\forall \epsilon > 0, \ ^\exists x \in I \ \ \text{s.t.} \ \ \mu - \epsilon < f(x)$$

が成り立つことに注意する．今，$f(x) = \mu$ となる $x \in [a, b]$ が存在しないと仮定する．$[a, b]$ で $f(x) - \mu$ は 0 にならない連続関数なので

$$g(x) := \frac{1}{f(x) - \mu}$$

も連続関数である．ところが，$f(x) - \mu$ はいくらでも小さくできるから $g(x)$ は有界ではない．これは (1) に矛盾するので仮定は正しくない．よって，$f(x) = \mu$ となる $x \in [a, b]$ が存在し，これが最大値である．

最小値の存在も同様に示される．　∎

2 微分法(1変数)

1変数関数の微分に関して定義および基礎的な性質を述べる．初等関数の微分と導関数，合成関数および逆関数の微分について説明し，その応用として極値問題などについて説明する．

2.1 微　　　分

定義 2.1 (微分，導関数) 極限
$$\lim_{x \to a} \frac{f(x) - f(a)}{x - a}$$
が存在するとき，関数 f は $x = a$ で**微分可能**という．この極限値を
$$f'(a), \quad \text{あるいは} \quad \frac{\mathrm{d}f}{\mathrm{d}x}(a)$$
と書く．f が区間 I の各点で微分可能であるとき，$f'(x)$ を I で定義された関数とみて，f の**導関数**とよぶ．
$$\frac{\mathrm{d}f}{\mathrm{d}x}(x)$$
と書くことも多い．

微分の定義式は
$$f'(x) := \lim_{h \to 0} \frac{f(x+h) - f(x)}{h}$$
とも書けることに注意する．

2.1.1 微　分　の　性　質

f, g をともに微分可能な関数，c を定数とする．次の性質が成り立つ．

(1) 線形性： $\quad \frac{\mathrm{d}}{\mathrm{d}x}\{f(x) + g(x)\} = f'(x) + g'(x), \quad \frac{\mathrm{d}}{\mathrm{d}x}\{cf(x)\} = cf'(x)$
(2) **Leibniz** (ライプニッツ) 則： $\quad \frac{\mathrm{d}}{\mathrm{d}x}\{f(x)g(x)\} = f'(x)g(x) + f(x)g'(x)$

(3) 合成関数の微分： $(f \circ g)(x) := f(g(x))$ とするとき
$$\frac{\mathrm{d}}{\mathrm{d}x}(f \circ g)(x) = g'(x)f'(g(x))$$

(証明) (1) は明らか.
(2) は定義に従って次のように示される.

$$\lim_{h \to 0} \frac{f(x+h)g(x+h) - f(x)g(x)}{h}$$
$$= \lim_{h \to 0} \frac{f(x+h)g(x+h) - f(x)g(x+h) + f(x)g(x+h) - f(x)g(x)}{h}$$
$$= \lim_{h \to 0} \frac{f(x+h)g(x+h) - f(x)g(x+h)}{h} + \lim_{h \to 0} \frac{f(x)g(x+h) - f(x)g(x)}{h}$$
$$= f'(x)g(x) + f(x)g'(x)$$

(3) は $g(x)$ が x の近傍で定数の場合は，両辺ともに 0 で成り立つ. そうでなければ，

$$\frac{\mathrm{d}}{\mathrm{d}x}(f \circ g)(x) = \lim_{h \to 0} \frac{f(g(x+h)) - f(g(x))}{h}$$
$$= \lim_{h \to 0} \frac{f(g(x+h)) - f(g(x))}{g(x+h) - g(x)} \cdot \frac{g(x+h) - g(x)}{h}$$
$$= f'(g(x))g'(x)$$

以上により証明された. ∎

2.1.2 初等関数の微分

初等関数は次の導関数をもつ.

(1) $f(x) = c \implies f'(x) = 0$
(2) $f(x) = x^n \ (n=1,2,3,\ldots) \implies f'(x) = nx^{n-1}$
(3) $f(x) = x^{-n} \ (n=1,2,3,\ldots) \implies f'(x) = (-n)x^{-n-1}$
(4) $f(x) = \mathrm{e}^{ax} \ (a \in \mathbb{R}$ または $\mathbb{C}) \implies f'(x) = a\mathrm{e}^{ax}$
(5) $f(x) = a^x \ (a > 0) \implies f'(x) = (\log a)a^x$
(6) $f(x) = \log x \implies f'(x) = \frac{1}{x}$
(7) $f(x) = x^\alpha \ (\alpha \in \mathbb{R}) \implies f'(x) = \alpha x^{\alpha-1}$

(8) $f(x) = \cos x \implies f'(x) = -\sin x$
(9) $f(x) = \sin x \implies f'(x) = \cos x$
(10) $f(x) = \tan x \implies f'(x) = \frac{1}{\cos^2 x}$
(11) $f(x) = \cosh x \implies f'(x) = \sinh x$
(12) $f(x) = \sinh x \implies f'(x) = \cosh x$
(13) $f(x) = \tanh x \implies f'(x) = \frac{1}{\cosh^2 x}$

(証明) (1)–(3) は定義にしたがって計算すればよい.
(4) は項別微分可能性を認めれば[*1]，定義 1.13 より

$$\frac{\mathrm{d}}{\mathrm{d}x}\frac{a^n x^n}{n!} = \frac{a^n x^{n-1}}{(n-1)!} \quad \text{であるので} \quad \frac{\mathrm{d}}{\mathrm{d}x}\mathrm{e}^{ax} = a\mathrm{e}^{ax}$$

(5) $a^x := \mathrm{e}^{(\log a)x}$ であるので (4) より $\frac{\mathrm{d}}{\mathrm{d}x}a^x = (\log a)a^x$.
(6) $y = \log x$, $b = \log a$ とすると

$$\lim_{x \to a}\frac{\log x - \log a}{x - a} = \lim_{y \to b}\frac{y - b}{\mathrm{e}^y - \mathrm{e}^b}$$
$$= \lim_{y \to b}\left(\frac{\mathrm{e}^y - \mathrm{e}^b}{y - b}\right)^{-1}$$
$$= \frac{1}{\mathrm{e}^b} = \frac{1}{a}$$

(7) は $x^\alpha = \mathrm{e}^{\alpha(\log x)}$ であるので，$\mathrm{e}^{\alpha(\log x)} = f(g(x))$, $f(x) = \mathrm{e}^{\alpha x}$, $g(x) = \log x$ として合成関数の微分を考えると

$$\frac{\mathrm{d}}{\mathrm{d}x}x^\alpha = \frac{\mathrm{d}}{\mathrm{d}x}\mathrm{e}^{\alpha(\log x)} = (\log x)'\alpha\mathrm{e}^{\alpha(\log x)} = \frac{1}{x}\alpha x^\alpha = \alpha x^{\alpha-1}$$

(8) e^{ax} の微分と同様に，定義 1.14(2) を用いて項別微分を行えばよい. あるいは,

$$\cos x = \frac{\mathrm{e}^{\mathrm{i}x} + \mathrm{e}^{-\mathrm{i}x}}{2}, \sin x = \frac{\mathrm{e}^{\mathrm{i}x} - \mathrm{e}^{-\mathrm{i}x}}{2\mathrm{i}}$$

であるので,

$$\frac{\mathrm{d}}{\mathrm{d}x}\cos x = \frac{\mathrm{i}\mathrm{e}^{\mathrm{i}x} - \mathrm{i}\mathrm{e}^{-\mathrm{i}x}}{2} = -\frac{\mathrm{e}^{\mathrm{i}x} - \mathrm{e}^{-\mathrm{i}x}}{2\mathrm{i}} = -\sin x$$

(9) も同様.

[*1] 例 2.13 参照. また項別微分の可能性については 2.3.3 項参照.

(10) は,
$$(\tan x)' = \left(\sin x \frac{1}{\cos x}\right)' = (\sin x)' \frac{1}{\cos x} + \sin x \left(\frac{1}{\cos x}\right)'$$
$$= 1 + \frac{\sin^2 x}{\cos^2 x} = \frac{\cos^2 x + \sin^2 x}{\cos^2 x} = \frac{1}{\cos^2 x}$$

(11)–(13) も同様. ∎

2.1.3 逆関数の微分,高階の導関数などについて

命題 2.1 (逆関数の微分) f の逆関数を g とする.$f(x)$ は (定義された区間で) 微分可能かつ $f'(x) \neq 0$ であるものとする.このとき,$y = f(x)$,したがって $x = g(y)$ として,
$$g'(y) = \frac{1}{f'(x)}$$
が成り立つ.

(証明) 逆関数の定義から $(g \circ f)(x) = x$ が成り立つ.この両辺を微分して合成関数の微分公式を使うと
$$f'(x) g'(f(x)) = 1 \qquad \therefore \ g'(f(x)) = \frac{1}{f'(x)}$$
∎

注意 2.1 形式的には $dx/dy = 1/(dy/dx)$ と読める. ◁

例 2.1 $y = e^x$ の逆関数は,$y = \log x$ であるので,上の命題で x と y を入れ替えれば
$$(\log x)' = \frac{1}{(e^y)'} = \frac{1}{e^y} = \frac{1}{e^{\log x}} = \frac{1}{x}$$
となって,以前求めた結果と確かに一致している. ◁

例題 2.1 次の逆関数の導関数を求めよ.
(1) $\sin^{-1} x$ $\quad \left(-1 \leq x \leq 1,\ -\pi/2 \leq \sin^{-1} x \leq \pi/2\right)$.
(2) $\cos^{-1} x$ $\quad \left(-1 \leq x \leq 1,\ 0 \leq \cos^{-1} x \leq \pi\right)$.
(3) $\tan^{-1} x$ $\quad \left(x \in (-\infty, \infty),\ -\pi/2 < \tan^{-1} x < \pi/2\right)$. ◁

(**解**) (1) $y = \sin^{-1} x$ とする．$-\pi/2 \leq y \leq \pi/2$ では $\cos y \geq 0$ であることに注意すると

$$(\sin^{-1} x)' = \frac{1}{(\sin y)'} = \frac{1}{\cos y} = \frac{1}{\sqrt{1-\sin^2 y}} = \frac{1}{\sqrt{1-x^2}}$$

(2) 同様にして

$$(\cos^{-1} x)' = \frac{1}{(\cos y)'} = \frac{-1}{\sin y} = -\frac{1}{\sqrt{1-\cos^2 y}} = -\frac{1}{\sqrt{1-x^2}}$$

(3) 同様にして

$$(\tan^{-1} x)' = \frac{1}{(\tan y)'} = \cos^2 y = \frac{1}{1+\tan^2 y} = \frac{1}{1+x^2}$$

命題 2.2 (l'Hôpital (ロピタル) の定理) $f'(a)$, $g'(a)$ が存在するとき，$f(a) = g(a) = 0$ であっても，$g'(a) \neq 0$ ならば

$$\lim_{x \to a} \frac{f(x)}{g(x)} = \frac{f'(a)}{g'(a)}$$

(証明)

$$\lim_{x \to a} \frac{f(x)}{g(x)} = \lim_{x \to a} \frac{\frac{f(x)-f(a)}{x-a}}{\frac{g(x)-g(a)}{x-a}} = \frac{f'(a)}{g'(a)}$$

∎

例 2.2 $\lim_{x \to 0} \frac{\sin x}{x} = \frac{\cos 0}{1} = 1$. ◁

注意 2.2 $\lim_{x \to a} f(x) = \infty$, $\lim_{x \to a} g(x) = \infty$ の場合にも (次式の右辺が存在すれば)

$$\lim_{x \to a} \frac{f(x)}{g(x)} = \lim_{x \to a} \frac{f'(x)}{g'(x)}$$

が成り立つ ($a = \infty$ でもよい)．これは次節の平均値の定理 (系 2.1) を用いて証明される[*2]． ◁

定義 2.2 (n 階導関数) 導関数 f' の導関数を f'' または $\mathrm{d}^2 f/\mathrm{d}x^2$ と書き，2 階導関数という．これを繰り返し，n 回目の導関数を $f^{(n)}$ あるいは $\mathrm{d}^n f/\mathrm{d}x^n$ と書き，n 階導関数という．

[*2] 例 2.4 参照．

定義 2.3 (C^n 級関数) 関数 f が，その定義域で n 階微分可能で，その n 階導関数 $\mathrm{d}^n f/\mathrm{d}x^n$ が連続であるとき，f はその領域で C^n 級，または C^n 級関数であるという ($n = 0, 1, 2, \ldots, \infty$).

例 2.3 e^x は C^∞ 級．$\sin|x|$ は C^0 級である．n を非負整数として $|x|^{2n+1}$ は C^{2n} 級である．　◁

例題 2.2 $\dfrac{\mathrm{d}^n}{\mathrm{d}x^n} f(x)g(x) = \sum_{k=0}^{n} {}_nC_k f^{(k)}(x) g^{(n-k)}(x)$ を示せ．　◁

(解) Leibniz 則を繰り返し用いればよい．

2.2 Taylor 展開

2.2.1 Taylor の公式

$|x| \ll 1$ であるとき，(i) $(1+x)^3$, (ii) $\sqrt{1+x}$, (iii) $1/(1-x)$ を多項式で近似することを考える．

(i) $(1+x)^3 = 1 + 3x + 3x^2 + x^3 \simeq 1 + 3x$

(ii) $\sqrt{1+x} = 1 + a_1 x + a_2 x^2 + \cdots$ とすると,
$$1 + x = \left(1 + a_1 x + a_2 x^2 + \cdots\right)^2$$
$$= 1 + 2a_1 x + (a_1^2 + 2a_2)x^2 + \cdots$$

から $a_1 = \frac{1}{2}$, $a_2 = -\frac{1}{8}$ であり，
$$\sqrt{1+x} = 1 + \frac{1}{2}x - \frac{1}{8}x^2 + \cdots$$

となる．

(iii) $\frac{1}{1-x} = \frac{1-x^{n+1}}{1-x} + \frac{x^{n+1}}{1-x} = 1 + x + \cdots + x^n + \frac{x^{n+1}}{1-x} \simeq 1 + x + \cdots + x^n$

以上の結果を一般化することを考えよう．

例題 2.3 関数 $f(x)$ が，もしも $f(x) = a_0 + a_1 x + a_2 x^2 + a_3 x^3 + \cdots = \sum_{n=0}^{\infty} a_n x^n$ と展開できたと仮定すると a_n はどのような値になるか．　◁

(解) $f(0) = a_0$, $f'(0) = a_1$, $f''(0) = 2a_2$, $f'''(0) = 3!a_3$ などを考えると, $a_n = (1/n!)f^{(n)}(0)$ である．

例題 2.3 から

$$f(x) = f(0) + f'(0)x + \frac{f''(0)}{2!}x^2 + \cdots + \frac{1}{n!}f^{(n)}(0)x^n + \cdots$$

という展開ができそうに思われる．実際，次の **Taylor (テイラー) の公式**が成り立つ．

定理 2.1 (Taylor の公式) $f(x)$ が $x = x_0$ の近傍で C^{n+1} 級であるとき,

$$f(x_0+h) = f(x_0) + f'(x_0)h + \frac{f''(x_0)}{2!}h^2 + \cdots + \frac{f^{(n)}(x_0)}{n!}h^n + \frac{f^{(n+1)}(x_0+\theta h)}{(n+1)!}h^{n+1}$$

となる $0 < \theta < 1$ が存在する．

この公式を証明するために少し準備をする.

命題 2.3 $f(x)$ は区間 $[a,b]$ で C^1 級関数であるとする．$f(x)$ が $x = c \in (a,b)$ において最大値 (または最小値) をとるとき，$f'(c) = 0$ である．

(証明) 最大値をとるものとする．このとき $h > 0$ では

$$\frac{f(c+h) - f(c)}{h} \leq 0, \qquad \frac{f(c-h) - f(c)}{-h} \geq 0$$

このとき,

$$f'(c+0) = \lim_{h \to +0} \frac{f(c+h) - f(c)}{h} \leq 0$$

$$f'(c-0) = \lim_{h \to +0} \frac{f(c-h) - f(c)}{-h} \geq 0$$

f' は C^1 級であるので $x = c$ で連続だから，$f'(c) = f'(c+0) = f'(c-0)$. ゆえに，$f'(c) = 0$ である．最小値である場合も同様． ∎

命題 2.4 (Rolle (ロル) の定理) $f(x)$ は区間 $[a,b]$ で C^1 級関数であるとする．$f(a) = f(b)$ であるならば，$c \in (a,b)$ で $f'(c) = 0$ となる点が存在する．

(証明) $f(x)$ が定数であるとすると，(a,b) の任意の点で $f'(x) = 0$ であるので命題は成立する．最大値の原理より，$[a,b]$ で連続な関数は最大値と最小値をもつが，$f(x)$ が定数でないとすると，$f(x) \neq f(a)(= f(b))$ となる点が存在する．したがって，a, b と異なるある点 $c \in (a,b)$ において，最大値または最小値をとる．命題 2.3 よりこの点で $f'(c) = 0$ が成り立つ． ∎

定理 2.2 (平均値の定理) 区間 $[a,b]$ で C^1 級関数，すなわち微分可能で導関数が連続な関数 f に対して
$$\frac{f(b) - f(a)}{b - a} = f'(c)$$
となる点 c が (a,b) 内に存在する．

(証明) $g(x) := f(x) - \frac{f(b)-f(a)}{b-a}x$ とおくと，$g(x)$ も $[a,b]$ で C^1 級関数，かつ $g(a) = g(b)$．したがって，Rolle の定理より $g'(c) = 0$ となる $c \in (a,b)$ が存在する．このとき，
$$f'(c) = \frac{f(b) - f(a)}{b - a}$$
であるので証明された． ∎

系 2.1 (一般化された平均値の定理) $f(x), g(x)$ は区間 $[a,b]$ で C^1 級関数であり，開区間 (a,b) で $g'(x) \neq 0$ かつ $g(a) \neq g(b)$ とする．このとき，
$$\frac{f'(c)}{g'(c)} = \frac{f(b) - f(a)}{g(b) - g(a)}$$
となる点 $c \in (a,b)$ が存在する．

(証明) $F(x) := \{g(b) - g(a)\}f(x) - \{f(b) - f(a)\}g(x)$ とする．$F(x)$ は $[a,b]$ で C^1 級であるから，平均値の定理 (または $F(a) = F(b)$ なので Rolle の定理) よりある $c \in (a,b)$ が存在して
$$F'(c) = \frac{F(b) - F(a)}{b - a} = 0.$$
これを書き換えると $g'(c) \neq 0, g(a) \neq g(b)$ なので
$$\frac{f'(c)}{g'(c)} = \frac{f(b) - f(a)}{g(b) - g(a)}.$$
∎

例 2.4 一般化された平均値の定理を用いて，注意 2.2 で述べた l'Hôpital の定理の拡張を証明してみよう．

$\lim_{x \to a+0} f(x) = \lim_{x \to a+0} g(x) = \infty$ であり，$\alpha := \lim_{x \to a+0} \frac{f'(x)}{g'(x)}$，が存在するものとする．$\alpha$ の定義により，任意の $\epsilon > 0$ に対して，ある $\delta'_\epsilon > 0$ が存在して，$a < y < a + \delta'_\epsilon$ であれば

$$\left| \frac{f'(y)}{g'(y)} - \alpha \right| < \frac{1}{3}\epsilon$$

となる．ここで，$a < y_0 < a + \delta'_\epsilon$ となる y_0 を一つ固定する．すると，$a + \delta_\epsilon < y_0$ であって，$a < x < a + \delta_\epsilon$ であれば，

$$c(x) := \frac{f(x)(g(y_0) - g(x))}{g(x)(f(y_0) - f(x))}$$

として，

$$1 - \min\left[1, \frac{\epsilon}{3|\alpha|}\right] < c(x) < 1 + \min\left[1, \frac{\epsilon}{3|\alpha|}\right]$$

となるように $\delta_\epsilon > 0$ をとることができる（$\alpha = 0$ では min の項は 1 とする）．なぜなら，$\lim_{x \to a+0} f(x) = \lim_{x \to a+0} g(x) = +\infty$ より，

$$c(x) = \frac{f(x)(g(y_0) - g(x))}{g(x)(f(y_0) - f(x))} = \frac{\frac{g(y_0)}{g(x)} - 1}{\frac{f(y_0)}{f(x)} - 1} \xrightarrow[x \to a+0]{} 1$$

だからである．また，閉区間 $[x, y_0]$ において一般化された平均値の定理を用いると，ある数 c が存在して，

$$\frac{f(y_0) - f(x)}{g(y_0) - g(x)} = \frac{f'(c)}{g'(c)} \ (x < c < y_0)$$

が成り立ち，$a < c < a + \delta'_\epsilon$ なので，

$$\left| \frac{f'(c)}{g'(c)} - \alpha \right| < \frac{1}{3}\epsilon$$

が成り立つ．したがって，任意の $\epsilon > 0$ に対して，ある $\delta_\epsilon > 0$ が存在し，

$$\left| \frac{f(x)}{g(x)} - \alpha \right| = \left| \frac{f(x)}{g(x)} - \frac{f'(c)}{g'(c)} + \frac{f'(c)}{g'(c)} - \alpha \right|$$

$$\leq \left| \frac{f(x)}{g(x)} - \frac{f'(c)}{g'(c)} \right| + \left| \frac{f'(c)}{g'(c)} - \alpha \right|$$

$$= \left| \frac{f(y_0) - f(x)}{g(y_0) - g(x)} c(x) - \frac{f'(c)}{g'(c)} \right| + \left| \frac{f'(c)}{g'(c)} - \alpha \right|$$

$$= \left|\frac{f'(c)}{g'(c)}(c(x)-1)\right| + \left|\frac{f'(c)}{g'(c)} - \alpha\right|$$

$$= \left|\left(\frac{f'(c)}{g'(c)} - \alpha\right)(c(x)-1) + \alpha(c(x)-1)\right| + \left|\frac{f'(c)}{g'(c)} - \alpha\right|$$

$$\leq \left|\frac{f'(c)}{g'(c)} - \alpha\right||c(x)-1| + |\alpha||c(x)-1| + \left|\frac{f'(c)}{g'(c)} - \alpha\right|$$

$$< \frac{1}{3}\epsilon \times 1 + |\alpha| \times \frac{\epsilon}{3|\alpha|} + \frac{1}{3}\epsilon = \epsilon$$

が成り立つ.よって,l'Hôpital の定理の拡張である

$$\lim_{x \to a+0}\frac{f(x)}{g(x)} = \lim_{x \to a+0}\frac{f'(x)}{g'(x)}$$

が成り立つ.$x \to a-0$,$x \to \infty$ などの場合も同様である.

同様に,$\lim_{x \to a+0} f(x) = \lim_{x \to a+0} g(x) = 0$ であり,$\lim_{x \to a+0} \frac{f'(x)}{g'(x)}$ が存在するときには,

$$\lim_{x \to a+0}\frac{f(x)}{g(x)} = \lim_{x \to a+0}\frac{f'(x)}{g'(x)}$$

が成り立つことなども証明できる. ◁

以上で準備が整ったので,Taylor の公式 (定理 2.1) を証明しよう.

(証明) [Taylor の公式]

$$R_{n+1}(x) := f(x) - \left[f(x_0) + f'(x_0)(x-x_0) + \frac{f''(x_0)}{2!}(x-x_0)^2 \right.$$
$$\left. + \cdots + \frac{f^{(n)}(x_0)}{n!}(x-x_0)^n\right]$$

とおくと,$R_{n+1}(x)$ は C^{n+1} 級であり,

$$R_{n+1}(x_0) = R'_{n+1}(x_0) = \cdots = R^{(n)}_{n+1}(x_0) = 0, \quad R^{(n+1)}_{n+1}(x) = f^{(n+1)}(x)$$

一般化された平均値の定理を $R_{n+1}(x)$,$(x-x_0)^{n+1}$ に用いると ($a = x_0$,$b = x_0+h$ と考えて) ($x_0 < c_1 < x_0+h$) であって

$$\frac{R'_{n+1}(c_1)}{(n+1)(c_1-x_0)^n} = \frac{R_{n+1}(x_0+h) - R_{n+1}(x_0)}{((x_0+h)-x_0)^{n+1} - (x_0-x_0)^{n+1}} = \frac{R_{n+1}(x_0+h)}{h^{n+1}}$$

を満たすものが存在する.

同様に $R'_{n+1}(x)$, $(n+1)(x-x_0)^n$ を区間 $[x_0, c_1]$ に対して適用すると $(x_0 < c_2 < c_1)$ であって

$$\frac{R''_{n+1}(c_2)}{(n+1)n(c_2-x_0)^{n-1}} = \frac{R'_{n+1}(c_1) - R'_{n+1}(x_0)}{(n+1)(c_1-x_0)^n - (n+1)(x_0-x_0)^n}$$
$$= \frac{R'_{n+1}(c_1)}{(n+1)(c_1-x_0)^n}$$

以下同様な手続きを繰り返すと，$x_0 < c_{n+1} < c_n < \cdots < c_1 < x_0 + h$ が存在して

$$\frac{R_{n+1}^{(n+1)}(c_{n+1})}{(n+1)!} = \frac{R_{n+1}^{(n)}(c_n)}{\{(n+1)n\cdots 2\}(c_n-x_0)} = \frac{R_{n+1}^{(n-1)}(c_{n-1})}{\{(n+1)n\cdots 3\}(c_{n-1}-x_0)^2}$$
$$= \cdots\cdots = \frac{R''_{n+1}(c_2)}{(n+1)n(c_2-x_0)^{n-1}} = \frac{R'_{n+1}(c_1)}{(n+1)(c_1-x_0)^n} = \frac{R_{n+1}(x_0+h)}{h^{n+1}}$$

となる．ゆえに

$$R_{n+1}(x_0+h) = \frac{R_{n+1}^{(n+1)}(c_{n+1})}{(n+1)!}h^{n+1}$$

したがって，$c_{n+1} = x_0 + \theta h$ $(0 < \theta < 1)$ であって，

$$f(x_0+h) = f(x_0) + f'(x_0)h + \frac{f''(x_0)}{2!}h^2 + \cdots + \frac{f^{(n)}(x_0)}{n!}h^n + \frac{f^{(n+1)}(x_0+\theta h)}{(n+1)!}h^{n+1}$$

となる $0 < \theta < 1$ が存在する． ∎

この証明で定義した剰余項を

$$R_{n+1}(x) := \frac{f^{(n+1)}(x_0+\theta h)}{(n+1)!}h^{n+1}$$

とする．

定義 2.4 (Taylor 展開) $f(x)$ が x のまわりで C^∞ 級であり，$\lim_{n\to\infty} R_{n+1}(x) = 0$ であれば

$$f(x+h) = f(x) + \sum_{n=1}^{\infty} \frac{f^{(n)}(x)}{n!}h^n$$

が成り立つ．この無限級数を $f(x)$ の点 x のまわりでの **Taylor 展開**とよぶ．

注意 2.3

$$f(x) = \begin{cases} e^{-1/x} & (x > 0) \\ 0 & (x \leq 0) \end{cases}$$

とすると，$f(x)$ は C^∞ 級．しかし，すべての n について $f^{(n)}(0) = 0$ が成り立つ．したがって $x = 0$ のまわりで Taylor 展開しても

$$f(x) \neq \sum_{k=0}^{\infty} \frac{f^{(k)}(0)}{k!} x^k$$

この例からわかるように C^∞ 級関数であっても必ずしも Taylor 展開可能ではない[*3]．

◁

2.2.2 初等関数の Taylor 展開

定義 2.5 (Landau (ランダウ) 記号)
(1) $\left. f(x) = O(x) \right|_{x \to 0} \iff \lim_{x \to 0} \left| \frac{f(x)}{x} \right| < \infty$
(2) $\left. f(x) = o(x) \right|_{x \to 0} \iff \lim_{x \to 0} \left| \frac{f(x)}{x} \right| = 0$

注意 2.4 (1) $\left.\right|_{x \to 0}$ は前後の文脈からわかるので省略することが多い．
(2) 同じ記号を $x \to \infty$ に対して使うこともある． ◁

Landau 記号を用いると，Taylor の公式は

$$f(x+h) = f(x) + f'(x)h + \frac{f''(x)}{2!}h^2 + \cdots + \frac{f^{(n)}(x)}{n!}h^n + O(h^{n+1})$$

と表せる．

例 2.5 (1) $\sin x$ の $x = 0$ での Taylor 展開を x^7 の項まで求めると

$$\sin x = x - \frac{x^3}{3!} + \frac{x^5}{5!} - \frac{x^7}{7!} + O(x^9)$$

これは $\sin x$ の定義 1.14 から明らかである．$\sin x$ では，任意の $x \in \mathbb{R}$ に対して Taylor 展開が収束する[*4]．

[*3] Taylor 展開可能な関数は**解析関数**とよばれ，複素関数論において重要な役割を果たす．工学教程『複素関数論 I』参照．
[*4] 級数の収束については次節で述べる．

(2) $1/(1+x)$ の $x=0$ での Taylor 展開を x^5 まで求めると
$$\frac{1}{1+x} = 1 - x + x^2 - x^3 + x^4 - x^5 + O(x^6)$$
この Taylor 展開は $|x| < 1$ の範囲で成り立つ. ◁

例題 2.4 (1) $\tan x$ の $x=0$ での Taylor 展開を x^5 の項まで求めよ.
(2) $\log(1+x)$ の $x=0$ での Taylor 展開を求めよ.
(3) $\alpha \in \mathbb{R}$ として, $(1+x)^\alpha$ の $x=0$ での Taylor 展開を求めよ.
(4) $\sin^{-1} x$ の $x=0$ での Taylor 展開を求めよ. ◁

(**解**) (1) は Taylor の公式を用いても良いが, $\tan x$ が奇関数であることを考え, 次のようにしたほうが計算は速い.

$$\begin{aligned}
\tan x &= \frac{\sin x}{\cos x} = \frac{x - \dfrac{x^3}{3!} + \dfrac{x^5}{5!} + O(x^7)}{1 - \dfrac{x^2}{2!} + \dfrac{x^4}{4!} + O(x^6)} \\
&= \left\{ x - \frac{x^3}{3!} + \frac{x^5}{5!} + O(x^7) \right\} \\
&\quad \times \left\{ 1 + \left(\frac{x^2}{2!} - \frac{x^4}{4!} + O(x^6)\right) + \left(\frac{x^2}{2!} - \frac{x^4}{4!} + O(x^6)\right)^2 + O(x^6) \right\} \\
&= \left\{ x - \frac{x^3}{3!} + \frac{x^5}{5!} + O(x^7) \right\} \left\{ 1 + \frac{x^2}{2!} - \frac{x^4}{4!} + \left(\frac{x^2}{2!}\right)^2 + O(x^6) \right\} \\
&= x + \frac{1}{3}x^3 + \frac{2}{15}x^5 + O(x^7)
\end{aligned}$$

(2) これは Taylor の公式をそのまま使うと良い. $f(x) := \log(1+x)$ として

$$f(0) = 0, \quad f'(0) = \left.\frac{1}{1+x}\right|_{x=0} = 1, \quad f''(0) = \left.-\frac{1}{(1+x)^2}\right|_{x=0} = -1, \cdots,$$
$$f^{(n)}(0) = (-1)^{n-1}\left.\frac{(n-1)!}{(1+x)^n}\right|_{x=0} = (-1)^{n-1}(n-1)!, \cdots$$

したがって,

$$\log(1+x) = x - \frac{x^2}{2} + \frac{x^3}{3} - \cdots + (-1)^{n-1}\frac{x^n}{n} + \cdots \quad (|x| < 1)$$

が成り立つ. この結果は頻繁に使われる.

(3) $f(x) := (1+x)^\alpha$ として,
$$f'(x) = \alpha(1+x)^{\alpha-1}, \quad f''(x) = \alpha(\alpha-1)(1+x)^{\alpha-2}, \cdots$$
である. したがって,
$$(1+x)^\alpha = \sum_{k=0}^{\infty} \binom{\alpha}{k} x^k \qquad (|x| < 1)$$
ただし,
$$\binom{\alpha}{k} := \frac{\alpha(\alpha-1)\cdots(\alpha-k+1)}{k!}, \quad \binom{\alpha}{0} := 1 \tag{2.1}$$

(4) $\frac{\mathrm{d}}{\mathrm{d}x}\sin^{-1} x = \frac{1}{\sqrt{1-x^2}}$ であり, (3) より
$$\frac{1}{\sqrt{1-x^2}} = \sum_{k=0}^{\infty} \binom{-\frac{1}{2}}{k} (-x^2)^k,$$

$$\binom{-\frac{1}{2}}{k} = \frac{(-1/2)(-3/2)\cdots(-(2k-1)/2)}{k!}$$
$$= \frac{(-1)^k 1 \cdot 3 \cdots (2k-1)}{2^k k!} = (-1)^k \frac{(2k-1)!!}{(2k)!!}$$

なので $(0!! = 1, (-1)!! = 1$ として$)$
$$\frac{\mathrm{d}}{\mathrm{d}x}\sin^{-1} x = \sum_{k=0}^{\infty} \frac{(2k-1)!!}{(2k)!!} x^{2k}$$

定積分を使うと[*5]
$$\sin^{-1} x - \sin^{-1} 0 = \int_0^x \frac{\mathrm{d}}{\mathrm{d}t}\sin^{-1} t \, \mathrm{d}t$$

であり, $\sin^{-1} 0 = 0$ であるので
$$\sin^{-1} x = \sum_{k=0}^{\infty} \int_0^x \frac{(2k-1)!!}{(2k)!!} t^{2k} \mathrm{d}t = \sum_{k=0}^{\infty} \frac{(2k-1)!!}{(2k)!!} \frac{x^{2k+1}}{2k+1}$$

[*5] 無限和と積分の順序交換については, 注意 2.10 参照

注意 2.5 式 (2.1) より，2 項係数 $_nC_k = \binom{n}{k}$ である．以後，2 項係数に対しても式 (2.1) の記法を用いる．また，$n \in \mathbb{N}$ に対して

$$n!! := \begin{cases} n \cdot (n-2) \cdots 4 \cdot 2 & n \text{ が偶数} \\ n \cdot (n-2) \cdots 3 \cdot 1 & n \text{ が奇数} \end{cases}$$

である． ◁

例 2.6 関数 $y = f(x)$ の零点を数値計算する高速な計算方法として **Newton** (ニュートン) **法**が知られている．今，$f(x)$ の一つの零点を a とする．点 a の近傍に点 x_0 をとると，Taylor の公式により

$$f(a) = f(x_0) + f'(x_0 + \theta(a - x_0))(a - x_0) \qquad (0 < \theta < 1)$$

であるから，$f(a) = 0$ より，

$$a = x_0 - \frac{f(x_0)}{f'(x_0 + \theta(a - x_0))}$$

したがって，零点 a の近似値 x_1 として，

$$x_1 = x_0 - \frac{f(x_0)}{f'(x_0)}$$

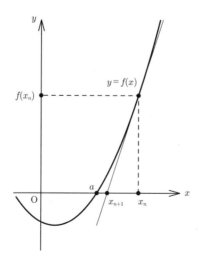

図 2.1 Newton 法の図形的な意味．点 $(x_n, f(x_n))$ を通る接線と x 軸との交点が x_{n+1} になる．

が考えられる．さらに良い近似値 x_2 を求めるには，同様に考えて

$$x_2 = x_1 - \frac{f(x_1)}{f'(x_1)}$$

とすればよい．これから，漸化式

$$x_{n+1} = x_n - \frac{f(x_n)}{f'(x_n)} \tag{2.2}$$

を考えると，$\lim_{n\to\infty} x_n = a$ となると考えられる．漸化式 (2.2) によって，関数の零点の近似値を求める方法を Newton 法という．式 (2.2) の図形的な意味を図 2.1 に示す．

$$x_{n+1} - a = \frac{(x_n - a)f'(x_n) - f(x_n)}{f'(x_n)}$$

であるが，$f(a) = 0$ より

$$\begin{aligned}f(x_n) &= f(a) + f'(a)(x_n - a) + \frac{1}{2}f''(a)(x_n - a)^2 + O\left((x_n - a)^3\right) \\ &= f'(a)(x_n - a) + \frac{1}{2}f''(a)(x_n - a)^2 + O\left((x_n - a)^3\right)\end{aligned}$$

また，

$$f'(x_n) = f'(a) + (x_n - a)f''(a) + O\left((x_n - a)^2\right)$$

であるので

$$x_{n+1} - a = \frac{f''(a)}{2f'(a)}(x_n - a)^2 + O\left((x_n - a)^3\right)$$

となる．したがって，$f'(a) \neq 0$ であれば，零点 a の近傍では 2 次収束する[6]．◁

注意 2.6 関数 $f(x)$ が周期 L をもつ，すなわち，任意の x に対して $f(x+L) = f(x)$ が成り立つとき，$f(x)$ が連続関数であるなら，次の無限級数展開が成り立つ[*6]．

$$f(x) = \frac{a_0}{2} + \sum_{n=1}^{\infty} \left\{ a_n \cos \frac{2n\pi x}{L} + b_n \sin \frac{2n\pi x}{L} \right\} \tag{2.3}$$

この周期 L の三角関数を用いる級数展開を **Fourier (フーリエ) 級数展開**という．Euler の公式 (定理 1.4) より，

$$f(x) = \sum_{n=-\infty}^{\infty} c_n e^{\frac{2in\pi x}{L}} \tag{2.4}$$

[*6] 詳細は工学教程『フーリエ・ラプラス解析』参照．

が成り立つこともわかる．係数 a_n, b_n, c_n は次の定積分で与えられる．

$$a_n = \frac{2}{L}\int_0^L f(x)\cos\frac{2n\pi x}{L}\,\mathrm{d}x$$

$$b_n = \frac{2}{L}\int_0^L f(x)\sin\frac{2n\pi x}{L}\,\mathrm{d}x$$

$$c_n = \frac{1}{L}\int_0^L f(x)\,\mathrm{e}^{-\frac{2\mathrm{i}n\pi x}{L}}\,\mathrm{d}x$$

◁

2.3 級数と一様収束

級数 $\sum_{n=1}^{\infty} a_n$ とは数列 $\{a_n\} = (a_1, a_2, a_3, \ldots)$ に対して，

$$a_1 + a_2 + a_3 + \cdots$$

と形式的に + でつないだものであった[*7]．しばしば，$\sum_{n=1}^{\infty} a_n$ を $\sum a_n$ と略記する．また，各項が非負である $(a_n \geq 0)$ 級数を**正項級数**という．

2.3.1 級数の収束判定法

級数の収束に関しては，定理 1.2 および絶対収束に対する系 1.2 が基本的であるが，いくつかの有用な収束判定法が存在する．以下，その判定法について説明する．

命題 2.5 各 $n \in \mathbb{N}$ に対し，$0 \leq a_n \leq b_n$ が成り立つとする．このとき，

(1) $\sum b_n$ が収束すれば，$\sum a_n$ も収束する．
(2) $\sum a_n$ が発散すれば，$\sum b_n$ も発散する．

(証明) (1) $\sum b_n$ が収束すれば，定理 1.2 により，どんな $\epsilon > 0$ に対しても，$n_\epsilon \in \mathbb{N}$ が存在して，$n, m \geq n_\epsilon$ $(n \geq m)$ ならば必ず

$$\left|\sum_{k=m}^{n} b_k\right| < \epsilon.$$

[*7] 第 1 章 1.2.2 項参照．

したがって,
$$\left|\sum_{k=m}^{n} a_k\right| = \sum_{k=m}^{n} a_k \le \sum_{k=m}^{n} b_k = \left|\sum_{k=m}^{n} b_k\right| < \epsilon$$
よって, やはり定理 1.2 により $\sum a_n$ は収束する.

(2) (1) の対偶である. ∎

例 2.7 実数 s によって定まる級数
$$\zeta(s) := \frac{1}{1^s} + \frac{1}{2^s} + \frac{1}{3^s} + \cdots + \frac{1}{n^s} + \cdots$$
の収束性を考えよう. $n \in \mathbb{N}$ として, $0 < \frac{1}{n^s} < \int_{n-1}^{n} \frac{1}{x^s} dx$ であり, $s > 1$ では
$$1 + \sum_{n=2}^{\infty} \int_{n-1}^{n} \frac{1}{x^s} dx = 1 + \int_{1}^{\infty} \frac{1}{x^s} dx = \frac{s}{s-1}$$
であり有限の値をとるから[*8], $\zeta(s)$ は, $s > 1$ で収束する.

一方, 数列 $\{a_n\}$ を $a_1 = 1, 2^{k-1} + 1 \le n \le 2^k$ では $a_n = 1/2^k$ と定義すると, $0 < a_n \le 1/n$ であり,
$$\sum_{n=1}^{\infty} a_n = 1 + \frac{1}{2} + \frac{1}{4} + \frac{1}{4} + \underbrace{\frac{1}{8} + \cdots + \frac{1}{8}}_{4\text{個}} + \underbrace{\frac{1}{16} + \cdots + \frac{1}{16}}_{8\text{個}} + \cdots$$
$$= 1 + \frac{1}{2} + \frac{1}{2} + \frac{1}{2} + \frac{1}{2} + \cdots \longrightarrow \infty$$
であるので, $\zeta(1)$ は $s = 1$ では発散する. また, $s < 1$ では $0 < 1/n < 1/n^s$ であるので, $\zeta(s)$ は発散する. ◁

以下の命題もほぼ自明であろう. 証明は省略する.

命題 2.6 $\sum a_n$ が収束するとき, $\lim_{n\to\infty} a_n = 0$.

命題 2.7 $\sum a_n$ が収束 (発散) するとき, $\sum a_n$ に有限個の項を加えたり, 削除したり, 置き換えたりしてできる級数も収束 (発散) する.

命題 2.8 λ を定数とする. $\sum a_n, \sum b_n$ が収束するとき, $\sum \lambda a_n, \sum (a_n \pm b_n)$ も収束し, $\underline{\sum \lambda a_n = \lambda \sum a_n}, \underline{\sum (a_n \pm b_n) = \sum a_n \pm \sum b_n}$ が成り立つ.

[*8] 無限区間の積分に関しては, 第 4 章 4.3 節を参照.

次に述べる二つの収束判定法が有名である．これらの判定法は次項で述べるべき級数の収束半径を決定する場合にも用いられる．

定理 2.3 (Cauchy の判定法) 正項級数 $\sum a_n$ において，

$$\varlimsup_{n\to\infty} \sqrt[n]{a_n} = l$$

が存在するとき，$0 \leq l < 1$ ならば $\sum a_n$ は収束する．また，

$$\varliminf_{n\to\infty} \sqrt[n]{a_n} = l'$$

として，$1 < l'$ ならば発散する[*9]．

(証明) $0 < l < 1$ とすると，$l < \beta < 1$ となる β が存在する．$b_n := \max[a_n, \beta^n]$ とすると，$0 \leq a_n \leq b_n$ であり，また，十分大きな n に対しては $a_n < \beta^n$ であるから $\sum b_n$ と $\sum \beta^n$ は有限個の項を除いて一致する．等比級数の公式より，$\sum \beta^n$ は $\beta/(1-\beta)$ に収束するから，命題 2.7 より，$\sum b_n$ も収束する．したがって，命題 2.5 より，$\sum a_n$ は収束する．

逆に，$1 < l'$ では，$1 < \beta' < l'$ なる β' が存在し，同様な議論を行うことによって $\sum a_n$ は発散することがわかる． ∎

定理 2.4 (d'Alembert (ダランベール) の判定法) 正項級数 $\sum a_n$ において，

$$\varlimsup_{n\to\infty} \frac{a_{n+1}}{a_n} = l$$

が存在するとき，$0 \leq l < 1$ ならば $\sum a_n$ は収束する．また，

$$\varliminf_{n\to\infty} \frac{a_{n+1}}{a_n} = l'$$

として，$1 < l'$ なら発散する．

(証明) $0 \leq l < 1$ のとき，$l < \alpha < 1$ となる α が存在し，ある十分大きな $N \in \mathbb{N}$ に対して，$n \geq N$ であれば $a_{n+1}/a_n < \alpha$ となる．したがって，$a_{N+k} < \alpha^k a_N$ であるから，$0 \leq \lim_{n\to\infty} a_n \leq \lim_{k\to\infty} a_N \alpha^k = 0$ より，$\lim_{n\to\infty} a_n = 0$ である．よって，

[*9] $\varlimsup_{n\to\infty}$ および $\varliminf_{n\to\infty}$ は，注意 1.10 で与えた上極限および下極限である．

任意の $\epsilon > 0$ に対して，ある $n_\epsilon \in \mathbb{N}$ が存在して，$m \geq n_\epsilon$ では $0 < a_m < (1-\alpha)\epsilon$ である．したがって，$m, n \geq \max[N, n_\epsilon]$ なら

$$\left|\sum_{k=m}^{n} a_k\right| < \sum_{k=m}^{n} \alpha^{k-m} a_m < \frac{a_m}{1-\alpha} < \epsilon$$

ゆえに，定理 1.2 より $\sum a_n$ は収束する．同様にして $1 < l'$ では発散することも示される． ∎

命題 2.9 級数 $\sum a_n$ が絶対収束するとき，項を任意に入れ換えた数列も同じ値に絶対収束する．

(証明) $\sum a_n$ は絶対収束するので収束するから，$S := \sum a_n$ とする．数列 $\{a_n\}$ に対して，

$$a_n^{(+)} := \max[a_n, 0], \quad a_n^{(-)} := \max[-a_n, 0]$$

とおくと，これらを第 n 項とする級数は正項級数でありともに収束する．$a_n = a_n^{(+)} - a_n^{(-)}$ であるから，$\sum a_n^{(+)} = S_+$, $\sum a_n^{(-)} = S_-$ として，命題 2.8 より $S = S_+ - S_-$ である．
$\sum_{n=1}^{\infty} a_{\sigma(n)}$ を $\sum_{n=1}^{\infty} a_n$ の項を入れ換えて得られた級数とする．

$$a_{\sigma(n)}^{(+)} := \max[a_{\sigma(n)}, 0], \quad a_{\sigma(n)}^{(-)} := \max[-a_{\sigma(n)}, 0]$$

とする．このとき，これらの正項級数に対して，$\sum a_{\sigma(n)}^{(+)} = \sum a_n^{(+)}$ および $\sum a_{\sigma(n)}^{(-)} = \sum a_n^{(-)}$ を証明できれば，命題 2.8 より $\sum a_{\sigma(n)} = S_+ - S_- = \sum a_n$ が示される．したがって，考えている級数 $\sum a_n$ を正項級数として証明すれば十分である．
$\sum_{n=1}^{\infty} a_n = S$ とし，各部分和を

$$S_k := \sum_{n=1}^{k} a_n, \quad S'_k := \sum_{n=1}^{k} a_{\sigma(n)}$$

とする．ただし $S_0 := 0$ とする．$[N] := \{1, 2, \ldots, N\}$ とし，$1 \notin \{\sigma(n)\}_{n=1}^{k}$ ならば $m(k) = 0$, そうでなければ $[N] \subseteq \{\sigma(n)\}_{n=1}^{k}$ を満たす $N \in \mathbb{N}$ のうち最大の整数を $m(k)$ とする．また，$M(k) := \max_{1 \leq n \leq k}[\sigma(n)]$ とする．このとき，$\{m(k)\}, \{M(k)\}$ はともに上に有界ではない単調増加数列である．明らかに

$$S_{m(k)} \leq S'_k \leq S_{M(k)}$$

であり，
$$\lim_{k\to\infty} S_{m(k)} = \lim_{k\to\infty} S_{M(k)} = \lim_{n\to\infty} S_n = S$$
であるので，$\lim_{k\to\infty} S'_k = S$. よって証明された． ∎

$\sum_{m,n=0}^{\infty} a_{m,n}$ を**二重級数**という．二重級数の和は一般的には項を加える順番に依存する．$\mathbb{N}_0 \times \mathbb{N}_0$ の有限部分集合の全体の集合を $\mathcal{F}$ とする．$F \in \mathcal{F}$ に対して
$$S_F := \sum_{(m,n)\in F} a_{m,n}$$
とする．

定義 2.6 (二重級数の和) 正項級数 $(a_{m,n} \geq 0)$ に対してその和を次のように定義する．
$$\sum_{m,n=0}^{\infty} a_{m,n} = \sup_{F\in\mathcal{F}} S_F$$

定理 2.5 集合の列 $F_n \in \mathcal{F}$ $(n=0,1,2,3,\ldots)$ が以下を満たすとする．

(1) $F_0 \subset F_1 \subset \cdots \subset F_n \subset F_{n+1} \subset \cdots$
(2) $\forall F \in \mathcal{F}, \exists n \in \mathbb{N}_0$ s.t. $F \subset F_n$

このとき，正項級数 $\sum_{m,n=0}^{\infty} a_{m,n}$ が収束するための必要十分条件は
$$\lim_{n\to\infty} S_{F_n} = S \in \mathbb{R}$$
が存在することであり，このとき，$\sum_{m,n=0}^{\infty} a_{m,n} = S$ が成り立つ．

(**証明**) $F_n \subset F_{n+1}$ であるので $S_{F_n} \leq S_{F_{n+1}}$ であり，$\{S_{F_n}\}$ は単調増加数列である．$\sum_{m,n=0}^{\infty} a_{m,n}$ が収束すれば，
$$S_{F_n} \leq \sup_{F\in\mathcal{F}} S_F$$
であるので $\{S_{F_n}\}$ は有界な単調増加数列である．ゆえに，極限 $\lim_{n\to\infty} S_{F_n} = S \in \mathbb{R}$ が存在し，
$$S \leq \sum_{m,n=0}^{\infty} a_{m,n} \tag{2.5}$$

が成り立つ．

逆に，$\lim_{n \to \infty} S_{F_n} = S \in \mathbb{R}$ であるとき，任意の $F \in \mathcal{F}$ に対して $F \subset F_n$ となる $F_n \in \mathcal{F}$ が存在するから

$$\sum_{m,n=0}^{\infty} a_{m,n} := \sup_{F \in \mathcal{F}} S_F \leq S \tag{2.6}$$

であり，$\{S_F\}_{F \in \mathcal{F}}$ は有界であるから $\sup_{F \in \mathcal{F}} S_F$ が存在し，$\sum_{m,n=0}^{\infty} a_{m,n}$ は収束する．また，式 (2.5), (2.6) より $\sum_{m,n=0}^{\infty} a_{m,n} = S$ である． ∎

例 2.8 $x, y > 0$ とし，$a_{m,n} = \frac{x^m y^n}{m!n!}$ とする正項級数 $\sum_{m,n=0}^{\infty} a_{m,n}$ を考える．$F_n = \sum_{0 \leq l+k \leq n} a_{l,k}$ とすると，$F_0 \subset F_1 \subset \cdots \subset F_n \subset F_{n+1} \subset \cdots$ が成り立つ．また，任意の有限集合 $F \in \mathcal{F}$ に対して，F に含まれる要素のうち，その添え字の和が最大であるものが存在するから，その和の値を $n-1$ とすると，$F \subset F_n$ である．したがって，定理 2.5 の条件 (1), (2) を満たしている．

このとき $S_{F_n} = \sum_{k=0}^{n} \sum_{l=0}^{k} \frac{x^l y^{k-l}}{l!(k-l)!} = \sum_{k=0}^{n} \frac{1}{k!} \sum_{l=0}^{k} \frac{k!}{l!(k-l)!} x^l y^{k-l} = \sum_{k=0}^{n} \frac{(x+y)^k}{k!}$．したがって，$\lim_{n \to \infty} S_{F_n} = \sum_{k=0}^{\infty} \frac{(x+y)^k}{k!} = e^{x+y}$．ゆえに，$\sum_{m,n=0}^{\infty} a_{m,n} = e^{x+y}$ である．

同様に，$F_n = \sum_{k=0}^{n} \sum_{l=0}^{n} a_{m,n}$ としても，定理 2.5 の条件 (1), (2) を満たし，$S_{F_n} = \sum_{k=0}^{n} \frac{x^k}{k!} \sum_{l=0}^{n} \frac{y^l}{l!}$ である．このとき，$\lim_{n \to \infty} S_{F_n} = \sum_{k=0}^{\infty} \frac{x^k}{k!} \sum_{l=0}^{\infty} \frac{y^l}{l!} = e^x e^y$．したがって，$\sum_{m,n=0}^{\infty} a_{m,n} = e^x e^y$ であり，$e^{x+y} = e^x e^y$ であることがわかる． ◁

次の二つの定理は二重級数の収束を調べる上で有用である．証明は省略する．

定理 2.6 次の三つの級数の和

$$\sum_{m,n=0}^{\infty} a_{m,n}, \quad \sum_{m=0}^{\infty} \sum_{n=0}^{\infty} a_{m,n}, \quad \sum_{n=0}^{\infty} \sum_{m=0}^{\infty} a_{m,n}$$

のうち，一つが絶対収束すれば，他の二つも絶対収束し

$$\sum_{m,n=0}^{\infty} a_{m,n} = \sum_{m=0}^{\infty} \sum_{n=0}^{\infty} a_{m,n} = \sum_{n=0}^{\infty} \sum_{m=0}^{\infty} a_{m,n}$$

が成り立つ．

定理 2.7 ψ を $\mathbb{N}_0$ から $\mathbb{N}_0 \times \mathbb{N}_0$ への任意の**全単射**[*10]とする．数列 $\{b_n\}$ を $b_n := a_{\psi(n)}$ によって定義するとき，次の二つの条件は同値である．

(1) $\sum\limits_{m,n=0}^{\infty} a_{m,n}$ は絶対収束する．

(2) $\sum\limits_{n=0}^{\infty} b_n$ は絶対収束する．

そして，この条件が満たされるとき

$$\sum_{n=0}^{\infty} b_n = \sum_{m,n=0}^{\infty} a_{m,n}$$

が成り立つ．

この項の最後に級数の収束に関する **Abel** (アーベル) の定理を紹介する．

定理 2.8 (Abel の定理) 級数 $\sum a_n$ と数列 $\{p_n\}$ が次の条件を満たすとする．

(1) 任意の部分和 $S_n := \sum\limits_{k=1}^{n} a_k$ は有界である．すなわち，任意の自然数 $n \in \mathbb{N}$ に対して $|S_n| \leq C$ となる定数 C が存在する．

(2) 数列 $\{p_n\}$ は非負の単調減少数列である．すなわち，$p_1 \geq p_2 \geq \cdots \geq p_n \geq \cdots \geq 0$.

このとき，

$$\text{(a)} \lim_{n \to \infty} p_n = 0, \quad \text{(b)} \sum a_n \text{ は収束する},$$

のどちらかが成り立てば，級数 $\sum p_n a_n$ は収束し，

$$\left| \sum_{n=1}^{\infty} p_n a_n \right| \leq p_1 C \tag{2.7}$$

が成り立つ．

[*10] 集合 A から B への写像 φ が，$\varphi(A) = B$ を満たすとき**全射**，$a \neq a'$ ならば $\varphi(a) \neq \varphi(a')$ を満たすとき**単射**という．全射かつ単射である写像を全単射という．全単射を「1 対 1 の上への写像」と表現することもある．

(証明) $n, m \in \mathbb{N}$ ($n \geq m$) とし, $S_n^{(m)} := \sum_{k=m}^{n} p_k a_k$ とする. また, $S_0 := 0$ とする. このとき,

$$\left|S_n^{(m)}\right| = |p_m(S_m - S_{m-1}) + p_{m+1}(S_{m+1} - S_m) + \cdots + p_n(S_n - S_{n-1})|$$

$$= |(p_m - p_{m+1})S_m + (p_{m+1} - p_{m+2})S_{m+1} + \cdots$$
$$\cdots + (p_{n-1} - p_n)S_{n-1} - p_m S_{m-1} + p_n S_n|$$

ここで $S_n^{(1)} = S_n$, $|S_k| \leq C$ であるので

$$|S_n| \leq C\left|(p_1 - p_2) + (p_2 - p_3) + \cdots + (p_{n-1} - p_n) + p_n\right| = C p_1 \quad (^\forall n \in \mathbb{N})$$

よって, 不等式 (2.7) が成り立っている.

また, $m \geq 2$ では

$$\left|S_n^{(m)}\right| \leq C\left|(p_m - p_{m+1}) + (p_{m+1} - p_{m+2}) + \cdots + (p_{n-1} - p_n) + p_m + p_n\right|$$
$$= 2C p_m$$

したがって, (a) が成り立てば m を大きくとることにより $S_n^{(m)}$ はいくらでも小さくなるから, $\{S_n\}$ は Cauchy 列であり, 級数 $\sum p_n a_n$ は収束する.

次に条件 (b) が満たされる場合を考える. $\{p_n\}$ は有界な単調減少数列であるので, $\lim_{n \to \infty} p_n = p$ となる $p \geq 0$ が存在する. このとき

$$\sum p_n a_n = \sum \{(p_n - p) a_n + p a_n\}$$

数列 $\{p_n - p\}$ は条件 (a) を満たすから, $\sum (p_n - p) a_n$ は収束する. また, 条件 (b) が満たされれば $\sum p a_n = p \sum a_n$ も収束する. したがって, $\sum \{(p_n - p) a_n + p a_n\}$ も収束し, $\sum p_n a_n$ は収束する. ∎

例 2.9 $0 < x < 2\pi$ として, 級数 $\sum_{n=1}^{\infty} \cos nx$ と数列 $\{1/n\}_{n=1}^{\infty}$ を考える. これらは, Abel の定理 (定理 2.8) で要請した条件 (2), (a) を満たすから, 条件 (1) が満たされれば, $\sum_{n=1}^{\infty} \frac{\cos nx}{n}$ は収束する. Euler の公式を用いて

$$S_n := \sum_{k=1}^{n} \cos kx = \mathrm{Re}\left[\sum_{k=1}^{n} e^{ikx}\right] = \mathrm{Re}\left[\frac{e^{ix} - e^{(n+1)ix}}{1 - e^{ix}}\right]$$

ただし,任意の複素数 A に対して,$\mathrm{Re}[A]$ は A の実部を表すものとする.また,$|\mathrm{Re}[A]| \leq |A|$ であるので

$$|S_n| \leq \left|\frac{\sin(nx/2)}{\sin(x/2)}\right| \leq \frac{1}{|\sin(x/2)|}$$

が成り立つ.したがって,条件 (1) も満たすので,Abel の定理により $\sum_{n=1}^{\infty} (\cos nx)/n$ は収束する. ◁

2.3.2 関数列と一様収束

区間 I で定義される**関数列** $f_n(x)$ $(n = 1, 2, 3, \ldots)$ を考える.

定義 2.7 各点 $x \in I$ について,$\lim_{n\to\infty} f_n(x) = f(x)$ となるとき,関数列 $\{f_n(x)\}$ は $f(x)$ に収束する,あるいは**各点収束**するという.

$\|f_n - f\| := \sup_{x \in I} |f_n(x) - f(x)|$ と定義する.$\lim_{n\to\infty} \|f_n - f\| = 0$ となるとき,関数列 $\{f_n(x)\}$ は $f(x)$ に**一様収束**するという.

注意 2.7 関数列 $\{f_n(x)\}$ が $f(x)$ に一様収束することは,次のように定義することもできる.

$${}^\forall \epsilon > 0, \ {}^\exists n_\epsilon \in \mathbb{N} \quad \text{s.t.} \quad n \geq n_\epsilon \implies {}^\forall x \in I, \ |f_n(x) - f(x)| < \epsilon$$

これは定義 2.7 と等価な定義である. ◁

Cauchy 列の収束性 (命題 1.4(C6)) より,ただちに次の命題が従う.

命題 2.10 $\{f_n(x)\}$ が区間 I で一様収束するための必要十分条件は

$$ {}^\forall \epsilon > 0, \ {}^\exists n_\epsilon \in \mathbb{N} \quad \text{s.t.} \quad n, m \geq n_\epsilon \implies \|f_n - f_m\| < \epsilon$$

である.あるいは,等価な関係式

$$ {}^\forall \epsilon > 0, \ {}^\exists n_\epsilon \in \mathbb{N} \quad \text{s.t.} \quad n, m \geq n_\epsilon \implies {}^\forall x \in I, \ |f_n(x) - f_m(x)| < \epsilon$$

が成り立つことである.

定義 2.8 区間 I で定義される関数列 $\{f_n(x)\}$ が $f(x)$ に**広義一様収束**するとは, I に含まれる任意の閉区間において $f(x)$ に一様収束することである.

明らかに一様収束すれば各点収束する. その逆は一般的には成り立たないが, 次の定理が知られている[1]. 証明は省略する.

定理 2.9 有界閉区間 I 上の連続関数列 $\{f_n\}$ が, 単調増加関数列, すなわち任意の $x \in I$, $n \in \mathbb{N}$ において $f_n(x) \leq f_{n+1}(x)$ であるか, または, 単調減少関数列, すなわち任意の $x \in I$, $n \in \mathbb{N}$ において $f_n(x) \geq f_{n+1}(x)$ であるとする. このとき, $\{f_n(x)\}$ が I の各点で連続な関数 $f(x)$ に収束すれば, $\{f_n(x)\}$ は $f(x)$ に I 上で一様収束する.

例 2.10 区間 $[0,1]$ 上で
$$f_n(x) := \begin{cases} n^2 x & 0 \leq x \leq 1/n \\ 2n - n^2 x & 1/n \leq x \leq 2/n \\ 0 & 2/n \leq x \leq 1 \end{cases}$$

と定義すると, 関数列 $\{f_n\}$ は区間 $[0,1]$ において $f \equiv 0$ に各点収束する.

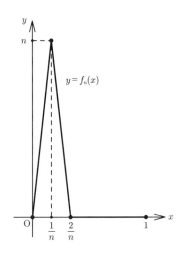

図 **2.2** 関数 $f_n(x)$ の概形

なぜなら，$x=0$ では $f_n(x)=0$ であり，$x>0$ では，$0<2/n<x$ を満たすある $n=n_0$ に対して，$n\geq n_0$ ならば必ず $f_n(x)=0$ となるからである．

一方，もしも一様収束するとすると，同じ関数 $f\equiv 0$ に一様収束するはずである．しかしながら，$f_n(1/n)=n$ であり，「どんな $\epsilon>0$ に対しても，$n\geq n_\epsilon$ ならば任意の $x\in[0,1]$ で $|f_n(x)-0|<\epsilon$ となる」ような n_ϵ は存在しない．ゆえに一様収束ではない． ◁

例 2.11 区間 $[0,1)$ において $f_n(x):=(1-x^n)/(1-x)$ とおくと，関数列 $\{f_n(x)\}$ は一様収束しないが，$f(x):=1/(1-x)$ に広義一様収束する． ◁

関数列の極限と微分との交換可能性については，次の定理およびその系が成り立つ．証明は第 4 章 4.8 節の注意 4.26 を参照．

定理 2.10 有界閉区間 I 上で定義される C^1 級の関数列 $\{f_n(x)\}$ が $f(x)$ に収束するものとする．その導関数の列 $\{f_n'(x)\}$ が，I 上で関数 $g(x)$ に一様収束するならば，$\{f_n(x)\}$ も $f(x)$ に一様収束し，$f(x)$ は C^1 級関数であり，

$$f'(x)=g(x) \quad \text{すなわち} \quad \frac{\mathrm{d}}{\mathrm{d}x}\lim_{n\to\infty}f_n(x)=\lim_{n\to\infty}\frac{\mathrm{d}}{\mathrm{d}x}f_n(x)$$

が成り立つ．

系 2.2 有界閉区間 I 上で定義される C^1 級の関数列 $\{f_n(x)\}$ が $f(x)$ に収束するものとする．その導関数の列 $\{f_n'(x)\}$ が，I 上で関数 $g(x)$ に広義一様収束するならば，$\{f_n(x)\}$ も $f(x)$ に広義一様収束し，$f(x)$ は C^1 級関数であり，

$$f'(x)=g(x) \quad \text{すなわち} \quad \frac{\mathrm{d}}{\mathrm{d}x}\lim_{n\to\infty}f_n(x)=\lim_{n\to\infty}\frac{\mathrm{d}}{\mathrm{d}x}f_n(x)$$

が成り立つ．

2.3.3 べ き 級 数

Taylor 展開のように，

$$a_0+a_1(x-x_0)+a_2(x-x_0)^2+a_3(x-x_0)^3+\cdots$$

の形の級数を x_0 を中心とする**べき級数**という．これを $\sum_{n=0}^{\infty}a_n(x-x_0)^n$ または $\sum a_n(x-x_0)^n$ と表すことにする．

定理 2.11 x_0 を中心とするべき級数 $\sum a_n(x-x_0)^n$ に対し,次の (1), (2) を満たす $r \in [0, \infty) \cup \{\infty\}$ が一意に存在する.

(1) $|x-x_0| < r$ では絶対収束する.
(2) $|x-x_0| > r$ では収束しない.

(証明) $\sum a_n(x-x_0)^n$ が収束する $|x-x_0| \in \mathbb{R}$ の集合を A とし,A が上に有界ならば $r := \sup A$,上に有界でなければ $r = \infty$ と定義する.$r = 0$ では $x = x_0$ でのみこの級数は収束し,(1), (2) を満たしている.$r > 0$ または $r = \infty$ では,上限の定義より $|x-x_0| < r$ ならば $|x-x_0| < |y-x_0| < r$ となる $y \in \mathbb{R}$ が存在する.命題 2.6 より $\lim_{n \to \infty} a_n(y-x_0)^n = 0$ が成り立つから,数列 $\{a_n(y-x_0)^n\}_{n=0}^{\infty}$ は有界である.$M := \sup_{n \in \mathbb{N}_0} |a_n(y-x_0)^n|$ とすると,

$$\left|a_n(x-x_0)^n\right| = \left|a_n(y-x_0)^n\right| \left|\frac{x-x_0}{y-x_0}\right|^n \leq M \left|\frac{x-x_0}{y-x_0}\right|^n$$

したがって,

$$\sum_{n=0}^{\infty} \left|a_n(x-x_0)^n\right| \leq \sum_{n=0}^{\infty} M \left|\frac{x-x_0}{y-x_0}\right|^n = M \left(1 - \left|\frac{x-x_0}{y-x_0}\right|\right)^{-1} < \infty$$

となり,$\sum a_n(x-x_0)^n$ は絶対収束する.

一方,$|x-x_0| > r$ であれば,A の定義によって $\sum a_n(x-x_0)^n$ は収束しない.また (1), (2) を同時に満たす相異なる二つの r が存在することはないから一意性は明らかである. ∎

注意 2.8 この定理 2.11 における r を $\sum a_n(x-x_0)^n$ の**収束半径**という.$r = \infty$ であるとは,x のどのような値に対してもべき級数が収束することを意味している.ここでは級数の各項は実数と考えているが,複素数の範囲でもまったく同じ定理が成り立つ. ◁

数列の収束に関する Cauchy の判定法 (定理 2.3) および d'Alembert の判定法 (定理 2.4) からただちに次の定理がわかる.

定理 2.12
$$\varlimsup_{n \to \infty} \left|\frac{a_{n+1}}{a_n}\right| = A$$

ならば，べき級数 $\sum a_n(x-x_0)^n$ の収束半径 r は $r=1/A$ である．ただし，$A=0$ ならば $r=\infty$，$A=\infty$ であるならば $r=0$ とする．

(証明)

$$\varlimsup_{n\to\infty} \frac{|a_{n+1}(x-x_0)^{n+1}|}{|a_n(x-x_0)^n|} = |x-x_0|\varlimsup_{n\to\infty}\left|\frac{a_{n+1}}{a_n}\right| = |x-x_0|A$$

である．定理 2.4 より，このべき級数は $|x-x_0|A<1$ ならば収束し，$|x-x_0|A>1$ ならば発散する．したがって，$r=1/A$ である．∎

定理 2.13 (Cauchy-Hadamard の定理)

$$\varlimsup_{n\to\infty} \sqrt[n]{|a_n|} = A$$

ならば，べき級数 $\sum a_n(x-x_0)^n$ の収束半径 r は $r=1/A$ である．ただし，$A=0$ ならば $r=\infty$，$A=\infty$ であるならば $r=0$ とする．

(証明)

$$\varlimsup_{n\to\infty} \sqrt[n]{|a_n(x-x_0)^n|} = |x-x_0|\varlimsup_{n\to\infty}\sqrt[n]{|a_n|} = |x-x_0|A$$

よって，定理 2.3 より，このべき級数は $|x-x_0|A<1$ ならば収束し，$|x-x_0|A>1$ ならば発散する．したがって，$r=1/A$ である．∎

例 2.12 指数関数

$$e^x = \sum_{n=0}^{\infty} \frac{1}{n!}x^n$$

は $a_n=1/n!$ を第 n 項とするべき級数である．その収束半径を定理 2.12 および Cauchy-Hadamard の定理 (定理 2.13) によって求めてみよう．まず，

$$\varlimsup_{n\to\infty}\left|\frac{a_{n+1}}{a_n}\right| = \lim_{n\to\infty}\frac{1}{n+1} = 0$$

であるから，定理 2.12 により収束半径 r は ∞ である．

また，不等式

$$\log \sqrt[n]{n!} = \frac{1}{n}\sum_{k=2}^{n}\log k \geq \frac{1}{n}\sum_{k=2}^{n}\int_{k-1}^{k}\log x\,dx = \frac{1}{n}\int_{1}^{n}\log x\,dx$$

より
$$\log \sqrt[n]{n!} \geq \frac{1}{n}\Big[x\log x - x\Big]_{x=1}^{n} = \log n - 1 + \frac{1}{n}$$
が成り立つので，
$$0 \leq \varlimsup_{n\to\infty} \sqrt[n]{|a_n|} \leq \lim_{n\to\infty} \mathrm{e}^{-(\log n - 1 + 1/n)} \leq \lim_{n\to\infty} \frac{\mathrm{e}}{n} = 0$$
であるから，$\varlimsup_{n\to\infty} \sqrt[n]{|a_n|} = 0$. したがって，Cauchy-Hadamard の定理によって，収束半径は $r = \infty$ と同じ結論を得る．

同様にして，
$$\sin x = \sum_{n=0}^{\infty} \frac{(-1)^n}{(2n+1)!} x^{2n+1}, \quad \cos x = \sum_{n=0}^{\infty} \frac{(-1)^n}{(2n)!} x^{2n}$$
などの収束半径が ∞ であることもわかる． ◁

例題 2.5 次のべき級数の収束半径 r を求めよ．
(1) $\dfrac{1}{2} + \dfrac{1\cdot 3}{2\cdot 4}x + \dfrac{1\cdot 3\cdot 5}{2\cdot 4\cdot 6}x^2 + \dfrac{1\cdot 3\cdot 5\cdot 7}{2\cdot 4\cdot 6\cdot 8}x^3 + \cdots$ (2) $\displaystyle\sum_{n=0}^{\infty} \frac{(n+1)^n}{n!} x^n$ ◁

(解) (1) $(a_{n+1})/a_n = (2n+3)/(2n+4) \to 1$ であるから $r = 1$．
(2) $\log\left(\sqrt[n]{\dfrac{(n+1)^n}{n!}}\right) = \log(n+1) - \dfrac{1}{n}\left(\displaystyle\sum_{k=1}^{n} \log k\right)$. ここで
$$\int_1^n \log x\,\mathrm{d}x < \sum_{k=1}^{n} \log k < \int_1^{n+1} \log x\,\mathrm{d}x$$
より，
$$1 - \frac{1}{n}\log(n+1) < \log(n+1) - \frac{1}{n}\left(\sum_{k=1}^{n} \log k\right) < 1 + \log\left(1 + \frac{1}{n}\right) - \frac{1}{n}$$
したがって，
$$\lim_{n\to\infty} \log\left(\sqrt[n]{\frac{(n+1)^n}{n!}}\right) = 1.$$
これより
$$\lim_{n\to\infty} \sqrt[n]{\frac{(n+1)^n}{n!}} = \mathrm{e}.$$
ゆえに $r = 1/\mathrm{e}$．

定義 2.9 べき級数

$$f(x) := \sum_{k=0}^{\infty} a_k (x - x_0)^k$$

の有限和

$$S_n(x) := \sum_{k=0}^{n} a_k (x - x_0)^k$$

からなる関数列 $\{S_n\}$ が区間 I 上で $f(x)$ に (広義) 一様収束するとき, べき級数

$$\sum_{k=0}^{\infty} a_k (x - x_0)^k$$

は I 上 (広義) 一様収束するという.

命題 2.11 べき級数

$$f(x) = \sum_{k=0}^{\infty} a_k (x - x_0)^k$$

の収束半径を $r > 0$ とすると, $f(x)$ は区間 $(x_0 - r, x_0 + r)$ 上, 広義一様収束する.

(証明) $[a, b] \subset (x_0 - r, x_0 + r)$ とする. $x_M \in [a, b]$ を $|x_M - x_0| = \max_{x \in [a,b]} |x - x_0|$ を満たすものとする[*11]. 定理 2.11 より,

$$\sum_{k=0}^{\infty} a_k (x_M - x_0)^k$$

は絶対収束するので, 任意の $\epsilon > 0$ に対して, ある $N_\epsilon \in \mathbb{N}_0$ が存在して, $n \geq N_\epsilon$ ならば

$$\sum_{k=n}^{\infty} |a_k| |x_M - x_0|^k < \epsilon$$

となる. このとき, 任意の $x \in [a, b]$ に対して

$$\left| \sum_{k=n}^{\infty} a_k (x - x_0)^k \right| \leq \sum_{k=n}^{\infty} |a_k| |x - x_0|^k \leq \sum_{k=n}^{\infty} |a_k| |x_M - x_0|^k < \epsilon$$

となるから, $f(x)$ は区間 $(x_0 - r, x_0 + r)$ 上, 広義一様収束する. ∎

[*11] もちろん $x_M = a$ または $x_M = b$ である.

注意 2.9 べき級数 $f(x) := \sum\limits_{k=0}^{\infty} a_k(x-x_0)^k$, $g(x) := \sum\limits_{k=0}^{\infty} (k+1)a_{k+1}(x-x_0)^k$ を考える. $f_n(x) := \sum\limits_{k=0}^{n} a_k(x-x_0)^k$ とすると $f_n'(x) := \sum\limits_{k=0}^{n-1} (k+1)a_{k+1}(x-x_0)^k$ であるので,
$$g(x) = \lim_{n\to\infty} f_n'(x)$$
である. Cauchy-Hadamard の定理により $f(x)$ と $g(x)$ の収束半径が等しいことが示されるから, 命題 2.11 より, $\{f_n(x)\}$ が $f(x)$ に I 上で (広義) 一様収束すれば, $\{f_n'(x)\}$ も $g(x)$ に I 上で (広義) 一様収束する. したがって, 定理 2.10 によって $f'(x) = g(x)$ となり, べき級数の**項別微分**が可能となる. ◁

注意 2.9 および収束半径の定義により, 次の定理が成り立つ.

定理 2.14 べき級数
$$f(x) = \sum_{k=0}^{\infty} a_k(x-x_0)^k$$
の収束半径を $r > 0$ とすると, $f(x)$ は区間 $(x_0 - r, x_0 + r)$ において項別微分が可能である.

例 2.13 指数関数
$$e^x := \sum_{n=0}^{\infty} \frac{x^n}{n!}$$
は収束半径 $r = \infty$ であるので $\mathbb{R}$ 上広義一様収束する. そして, $\mathbb{R}$ 上項別微分可能であり
$$\frac{d}{dx} e^x = \sum_{n=0}^{\infty} \frac{d}{dx} \frac{x^n}{n!} = \sum_{n=0}^{\infty} n\frac{x^{n-1}}{n!} = \sum_{m=0}^{\infty} \frac{x^m}{m!} = e^x$$
である. ◁

注意 2.10 べき級数
$$f(x) := \sum_{n=0}^{\infty} a_n x^n$$
の収束半径を r とするとき, 第 4 章の定理 4.11(1) より, 定理 2.14 と同様に, 任意の閉区間 $[a,b] \subset (-r,r)$ に対して
$$\int_a^b f(x)\,dx = \sum_{n=0}^{\infty} \int_a^b a_n x^n\,dx \left(= \sum_{n=0}^{\infty} \frac{a_n}{n+1}(b^{n+1} - a^{n+1})\right)$$

が成り立つ．

　このように，べき級数では収束半径内で，**項別積分**も可能である． ◁

3 偏　微　分

　本章では多変数関数の微分について考える．一つの変数のみに注目した微分である偏微分，多変数の積分と深く関わる全微分について詳しく調べ，その応用として関数の極値問題や陰関数定理について説明する．最後に位相やコンパクト性などの抽象的な概念について簡単に解説する．

3.1 多変数関数の連続性と偏微分

　$f(x,y), f(x,y,z)$ のように，独立変数を二つ以上もつ関数を**多変数関数**という．たとえば $f(x,y) = e^{-x^2-y^2}$, $f(x,y,z) = x^2 y^3 z$ などである．一般には，写像

$$f : \quad \mathbb{R}^n \text{ または } \mathbb{C}^n \quad \to \quad \mathbb{R} \text{ または } \mathbb{C}$$

を n **変数関数**とよぶ[*1]．以下では 2 変数関数を中心に考える．

3.1.1　多　変　数　関　数

定義 3.1 (連続性) $f(x,y)$ が，点 (x_0, y_0) において連続であるとは，

$$\lim_{x \to x_0, y \to y_0} f(x,y) = f(x_0, y_0)$$

が成り立つことである．
ここで $\displaystyle\lim_{x \to x_0, y \to y_0} f(x,y) = A$ とは，どのように (x,y) を (x_0, y_0) に近づけてもその極限が A になることを意味する．正確には，

$$\forall \epsilon > 0, \exists \delta > 0 \quad \text{s.t.} \quad 0 < \sqrt{(x-x_0)^2 + (y-y_0)^2} < \delta \implies |f(x,y) - A| < \epsilon$$

を意味する[*2]．

[*1] 定義域や値域として，$\mathbb{Q}, \mathbb{Z}, \mathbb{F}_p$ などを考えることもあるが (1.1 節および例 1.1 参照)，微積分学では主として $\mathbb{R}, \mathbb{C}$ を取り扱う．

[*2] 1.1 節の最初に述べた記法を用いている．「任意の正の数 ϵ に対して，ある正の数 δ が存在し，$0 < \sqrt{(x-x_0)^2 + (y-y_0)^2} < \delta$ ならば $|f(x,y) - A| < \epsilon$ が成り立つ．」ことを意味する．

例 3.1

$$f(x,y) = \begin{cases} \dfrac{xy}{x^2+y^2} & (x,y) \neq (0,0) \\ 0 & (x,y) = (0,0) \end{cases}$$

とすると,

(1) $x = 0$ として $y \to 0$ とすると,

$$\lim_{y \to 0} \frac{0 \cdot y}{0^2 + y^2} = 0.$$

(2) $y = 0$ として $x \to 0$ とすると,

$$\lim_{x \to 0} \frac{x \cdot 0}{x^2 + 0^2} = 0.$$

(3) $y = mx$ (m は実数) として $x \to 0$ とすると,

$$\lim_{x \to 0} \frac{mx^2}{x^2 + m^2 x^2} = \frac{m}{1+m^2}.$$

以上より,極限のとり方によって値が違うから連続ではない. ◁

例題 3.1 次の関数の点 $(0,0)$ における連続性を調べよ.

(1) $f(x,y) = \begin{cases} \dfrac{xy^2}{x^2+y^2} & (x,y) \neq (0,0) \\ 0 & (x,y) = (0,0) \end{cases}$

(2) $f(x,y) = \begin{cases} \dfrac{xy^2}{x^2+y^4} & (x,y) \neq (0,0) \\ 0 & (x,y) = (0,0) \end{cases}$ ◁

(**解**) (1) $\left| xy^2/(x^2+y^2) \right| \leq \left| xy^2/(2|xy|) \right| = |y/2|$ であるので, $\displaystyle\lim_{x \to 0, y \to 0} f(x,y) = 0 = f(0,0)$. ゆえに連続である.

(2) $x = y^2$ に沿って $x \to 0$ とすると $f(x,y) \to 1/2$. したがって,連続ではない.

3.2 2変数関数の偏微分と偏導関数

定義 3.2 (偏微分,偏導関数) 極限

$$\lim_{\Delta x \to 0} \frac{f(x_0 + \Delta x, y_0) - f(x_0, y_0)}{\Delta x}$$

が存在すれば，その値を

$$\frac{\partial f}{\partial x}(x_0, y_0) \text{ あるいは } f_x(x_0, y_0)$$

と書いて，点 (x_0, y_0) における x 方向の**偏微分**とよぶ．

同様に，

$$\lim_{\Delta y \to 0} \frac{f(x_0, y_0 + \Delta y) - f(x_0, y_0)}{\Delta y}$$

が存在すれば，その値を

$$\frac{\partial f}{\partial y}(x_0, y_0) \text{ あるいは } f_y(x_0, y_0)$$

と書いて，点 (x_0, y_0) における y 方向の偏微分とよぶ．

$f_x(x, y)$, $f_y(x, y)$ を (x, y) を独立変数とする関数と考えたとき，**偏導関数**とよぶ．

例 3.2 (1) $f(x, y) = e^{-x^2-y^2}$ とすると

$$f_x(x, y) = -2xe^{-x^2-y^2}, \quad f_y(x, y) = -2ye^{-x^2-y^2}.$$

(2) $f(x, y) = \cos(xy) + x^2 \log y$ とすると

$$f_x(x, y) = -y\sin(xy) + 2x\log y, \quad f_y(x, y) = -x\sin(xy) + \frac{x^2}{y}.$$

◁

3.3 全 微 分

1 変数の微分の概念を多変数に拡張したものが全微分である．

定義 3.3 $f(x, y)$ が $(x, y) = (x_0, y_0)$ で**全微分可能**であるとは，

$$\Delta f := f(x_0 + \Delta x, y_0 + \Delta y) - f(x_0, y_0)$$

としたとき，(x_0, y_0) によって定まる定数 ($\Delta x, \Delta y$ に依らない定数) $A = A(x_0, y_0)$, $B = B(x_0, y_0)$ が存在し，

$$\Delta f = A\Delta x + B\Delta y + o\left(\sqrt{\Delta x^2 + \Delta y^2}\right) \tag{3.1}$$

となることである．

多変数関数であることが明らかであれば,全微分可能を,単に**微分可能**ということが多い.上の定義中の定数 A, B については,次の命題が成り立つ.

命題 3.1 $f(x,y)$ が (x_0, y_0) で微分可能であるなら,
$$f(x_0+\Delta x, y_0+\Delta y) = f(x_0,y_0) + f_x(x_0,y_0)\Delta x + f_y(x_0,y_0)\Delta y + o\left(\sqrt{\Delta x^2 + \Delta y^2}\right).$$
が成り立つ.

(**証明**) $f(x,y)$ が (x_0, y_0) で微分可能であるなら,$\Delta y = 0$ とおいて
$$\Delta f = f(x_0 + \Delta x, y_0) - f(x_0, y_0) = A\Delta x + o(\Delta x)$$
したがって
$$\lim_{\Delta x \to 0} \frac{f(x_0 + \Delta x, y_0) - f(x_0, y_0)}{\Delta x} = \lim_{\Delta x \to 0} \frac{A\Delta x + o(\Delta x)}{\Delta x} = A$$
この左辺は $f_x(x_0, y_0)$ の定義であるので $A = f_x(x_0, y_0)$. 同様にして $B = f_y(x_0, y_0)$. ∎

ただちに次の系が従う.

系 3.1 $f(x,y)$ が (x_0, y_0) で微分可能であるなら,同じ点で偏微分可能である.

この逆については次の定理が成り立つ.

定理 3.1 $U \subset \mathbb{R} \times \mathbb{R}$ を xy 平面内の開領域とする.領域 U において偏導関数 $f_x(x,y)$, $f_y(x,y)$ が存在し,それらが連続関数であるなら,関数 $f(x,y)$ はその領域で微分可能である.

(**証明**) Δx, Δy を h, k と表す. $(x_0, y_0) \in U$ として,
$$\Delta f := f(x_0 + h, y_0 + k) - f(x_0, y_0)$$
$$= \{f(x_0 + h, y_0 + k) - f(x_0, y_0 + k)\} + \{f(x_0, y_0 + k) - f(x_0, y_0)\}$$
$f(x, y_0 + k)$ を x の関数とみると,$x = x_0$ 近傍で微分可能であるから平均値の定理(あるいは Taylor の公式)より,
$$f(x_0 + h, y_0 + k) - f(x_0, y_0 + k) = f_x(x_0 + \theta_1 h, y_0 + k)h$$

となる $0 < \theta_1 < 1$ が存在する．同様にして

$$f(x_0, y_0 + k) - f(x_0, y_0) = f_y(x_0, y_0 + \theta_2 k)k$$

となる $0 < \theta_2 < 1$ が存在する．ゆえに

$$\Delta f = f_x(x_0 + \theta_1 h, y_0 + k)h + f_y(x_0, y_0 + \theta_2 k)k$$

ここで

$$\varepsilon := \Delta f - \{f_x(x_0, y_0)h + f_y(x_0, y_0)k\}$$
$$= h\{f_x(x_0 + \theta_1 h, y_0 + k) - f_x(x_0, y_0)\} + k\{f_y(x_0, y_0 + \theta_2 k) - f_y(x_0, y_0)\}$$

とすると，

$$\lim_{\sqrt{h^2+k^2} \to 0} \left| \frac{\varepsilon}{\sqrt{h^2+k^2}} \right|$$
$$= \lim_{\sqrt{h^2+k^2} \to 0} \left| \frac{1}{\sqrt{h^2+k^2}} [h\{f_x(x_0 + \theta_1 h, y_0 + k) - f_x(x_0, y_0)\} \right.$$
$$\left. + k\{f_y(x_0, y_0 + \theta_2 k) - f_y(x_0, y_0)\}] \right|$$
$$\leq \lim_{h \to 0, k \to 0} \{|f_x(x_0 + \theta_1 h, y_0 + k) - f_x(x_0, y_0)|$$
$$+ |f_y(x_0, y_0 + \theta_2 k) - f_y(x_0, y_0)|\}$$
$$= 0 \quad (f_x, f_y \text{ は連続関数であるから})$$

したがって，$\varepsilon = o(\sqrt{h^2+k^2})$．ゆえに，

$$\Delta f = f_x(x_0, y_0)h + f_y(x_0, y_0)k + o(\sqrt{h^2+k^2})$$

が成り立つ．よって，$(x_0, y_0) \in U$ ならば微分可能である． ∎

3.3.1 全微分の定義

f が (x, y) で微分可能であるとは，$\Delta f := f(x + \Delta x, y + \Delta y) - f(x, y)$ として，式 (3.1) で与えられる関係式：

$$\Delta f = f_x(x, y)\Delta x + f_y(x, y)\Delta y + o\left(\sqrt{(\Delta x)^2 + (\Delta y)^2}\right)$$

が成り立つことであった。この $\sqrt{(\Delta x)^2+(\Delta y)^2} \to 0$ における「主要部」

$$f_x(x,y)\Delta x + f_y(x,y)\Delta y$$

を f の**全微分**とよび，$\mathrm{d}f$ で表す[*3]．

関数 x の主要部は Δx，y は Δy であるので全微分は次のように表示される．

$$\mathrm{d}f = f_x(x,y)\mathrm{d}x + f_y(x,y)\mathrm{d}y \tag{3.2}$$

注意 3.1 (1) $\mathrm{d}f$ は $\mathrm{d}x$, $\mathrm{d}y$ を形式的な基底とする 2 次元線形空間に値 $(f_x(x,y), f_y(x,y))$ をとる関数と思うことができる．ただし，次に述べるように，この $\mathrm{d}f$ には線積分 (曲線上の積分) が定義され，その線積分によって $f(x,y)$ が計算される．(2) 式 (3.2) は f が式 (3.1) の意味で微分可能であることを意味する． ◁

3.3.2 曲線の媒介変数表示

$I := [a,b] \in \mathbb{R}$ として，I から $\mathbb{R}^2$ への連続写像：$t \in I \mapsto (x(t),y(t)) \in \mathbb{R}^2$ の像が (2 次元平面内の) **曲線** C を与えるとき，この写像を C の**媒介変数** $t \in I$ による表示という[*4]．ここで，$(x(a),y(a))$ は C の始点，$(x(b),y(b))$ は終点である．

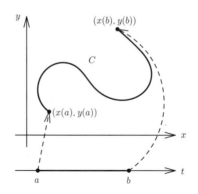

図 **3.1** 曲線 C の媒介変数表示

[*3] 単に微分ということもある．
[*4] 一般にはこの写像そのものを曲線という．

例 3.3 $x(t) = \cos t, y(t) = \sin t$ $(I = [0, 2\pi])$ は原点を中心とする半径 1 の円を与える． ◁

3.3.3 全微分と線積分

xy 平面上の 1 点 (x_0, y_0) を通る曲線 C を考える．C は媒介変数表示 $(x(t), y(t))$ をもつものとし，$t = t_0$ で $x(t_0) = x_0, y(t_0) = y_0$ とする．このとき，次の命題が成立する．

命題 3.2 2 変数関数 $f(x, y)$ が (x_0, y_0) で (全) 微分可能であり，$x(t), y(t)$ が $t = t_0$ で微分可能であるとする．このとき，$z(t) := f(x(t), y(t))$ は $t = t_0$ で微分可能であり，

$$\frac{\mathrm{d}z}{\mathrm{d}t}(t_0) = f_x(x_0, y_0)\frac{\mathrm{d}x}{\mathrm{d}t}(t_0) + f_y(x_0, y_0)\frac{\mathrm{d}y}{\mathrm{d}t}(t_0) \tag{3.3}$$

(証明) 定義により，

$$\frac{\mathrm{d}z}{\mathrm{d}t}(t_0) = \lim_{h \to 0} \frac{f(x(t_0 + h), y(t_0 + h)) - f(x(t_0), y(t_0))}{h}$$

ここで，$\Delta x := x(t_0 + h) - x(t_0)$, $\Delta y := y(t_0 + h) - y(t_0)$ とおくと，f は微分可能であるので

$$\begin{aligned}
&f(x(t_0 + h), y(t_0 + h)) - f(x(t_0), y(t_0))\\
&= f(x_0 + \Delta x, y_0 + \Delta y) - f(x_0, y_0)\\
&= f_x(x_0, y_0)\Delta x + f_y(x_0, y_0)\Delta y + o\left(\sqrt{\Delta x^2 + \Delta y^2}\right)
\end{aligned}$$

したがって，

$$\frac{\mathrm{d}z}{\mathrm{d}t}(t_0) = \lim_{h \to 0} \frac{f_x(x_0, y_0)\Delta x + f_y(x_0, y_0)\Delta y + o\left(\sqrt{\Delta x^2 + \Delta y^2}\right)}{h}$$

ここで，

$$\lim_{h \to 0} \frac{\Delta x}{h} = \lim_{h \to 0} \frac{x(t_0 + h) - x(t_0)}{h} = \frac{\mathrm{d}x}{\mathrm{d}t}(t_0)$$

$$\lim_{h \to 0} \frac{\Delta y}{h} = \lim_{h \to 0} \frac{y(t_0 + h) - y(t_0)}{h} = \frac{\mathrm{d}y}{\mathrm{d}t}(t_0)$$

また,
$$\frac{o\left(\sqrt{\Delta x^2 + \Delta y^2}\right)}{h} = \frac{\sqrt{\Delta x^2 + \Delta y^2}}{h} \cdot \frac{o\left(\sqrt{\Delta x^2 + \Delta y^2}\right)}{\sqrt{\Delta x^2 + \Delta y^2}}$$

であるから,$\dot{x}(t_0) := (\mathrm{d}x/\mathrm{d}t)(t_0)$ などとおくと,

$$\Delta x = \dot{x}(t_0)h + o(h), \quad \Delta y = \dot{y}(t_0)h + o(h)$$

であるので

$$\frac{\sqrt{\Delta x^2 + \Delta y^2}}{h} = \sqrt{\left(\dot{x}(t_0) + \frac{o(h)}{h}\right)^2 + \left(\dot{y}(t_0) + \frac{o(h)}{h}\right)^2}$$

よって

$$\lim_{h \to 0} \left|\frac{\sqrt{\Delta x^2 + \Delta y^2}}{h}\right| = \left|\sqrt{\dot{x}(t_0)^2 + \dot{y}(t_0)^2}\right| < +\infty$$

また,$h \to 0$ では $\sqrt{\Delta x^2 + \Delta y^2} \to 0$ であるので,定義により

$$\lim_{h \to 0} \frac{o\left(\sqrt{\Delta x^2 + \Delta y^2}\right)}{\sqrt{\Delta x^2 + \Delta y^2}} = 0$$

したがって,

$$\lim_{h \to 0} \frac{o\left(\sqrt{\Delta x^2 + \Delta y^2}\right)}{h} = 0$$

以上により,式 (3.3) が示された. ∎

注意 3.2 まとめると,式 (3.2) $\mathrm{d}f = f_x \mathrm{d}x + f_y \mathrm{d}y$ は,関数 $f(x,y)$ が式 (3.1) の意味で微分可能であることを意味すると同時に,曲線 $(x(t), y(t))$ に沿っての変化率 $(\mathrm{d}z/\mathrm{d}t)(t)$ ($z(t) := f(x(t), y(t))$) が式 (3.3) で与えられることを示している. ◁

注意 3.3 曲線 C 上の積分:$\int_C \mathrm{d}f$ を,媒介変数表示を用いて

$$\int_C \mathrm{d}f := \int_a^b \left\{ f_x(x(t), y(t)) \frac{\mathrm{d}x}{\mathrm{d}t}(t) + f_y(x(t), y(t)) \frac{\mathrm{d}y}{\mathrm{d}t}(t) \right\} \mathrm{d}t \tag{3.4}$$

とすると,これまでの記法を用いて

$$\int_C \mathrm{d}f = \int_a^b \frac{\mathrm{d}z}{\mathrm{d}t}(t) \, \mathrm{d}t = z(b) - z(a) = f(x(b), y(b)) - f(x(a), y(a))$$

となり，媒介変数のとり方に依らずに，もとの関数 $f(x,y)$ の曲線の終点と始点での値の差を与える．式 (3.4) を df の曲線 C に沿った**線積分**という． ◁

例 3.4 $f(x,y) = y\log x + x^3 + xy^2$ とするとき，$f_x = \frac{y}{x} + 3x^2 + y^2$, $f_y = \log x + 2xy$. したがって

$$df = \left(\frac{y}{x} + 3x^2 + y^2\right)dx + (\log x + 2xy)\,dy$$

◁

3.4 合成関数の偏微分

注意 3.2 より，$z(t) := f(x(t), y(t))$ として，

$$\frac{dz}{dt}(t) = f_x(x(t),y(t))\frac{dx}{dt}(t) + f_y(x(t),y(t))\frac{dy}{dt}(t) \tag{3.3'}$$

である．

例 3.5 $f(x,y) = x^2 + y^2$, $x(t) = \cos t$, $y(t) = \sin t$ とする．

$$z(t) := f(x(t),y(t)) = \cos^2 t + \sin^2 t = 1$$

したがって，$(dz/dt)(t) = 0$．一方，

$$f_x(x(t),y(t))\frac{dx}{dt}(t) + f_y(x(t),y(t))\frac{dy}{dt}(t)$$
$$= 2x(t)(-\sin t) + 2y(t)(\cos t) = -2\cos t \sin t + 2\sin t \cos t = 0$$

であり，確かに成立している． ◁

命題 3.3 x, y が 2 変数 (u,v) の関数： $x = x(u,v)$, $y = y(u,v)$ であるとする． $F(u,v) := f(x(u,v), y(u,v))$ とすると

$$\begin{aligned}\frac{\partial F}{\partial u} &= \frac{\partial x}{\partial u}\frac{\partial f}{\partial x} + \frac{\partial y}{\partial u}\frac{\partial f}{\partial y} \\ \frac{\partial F}{\partial v} &= \frac{\partial x}{\partial v}\frac{\partial f}{\partial x} + \frac{\partial y}{\partial v}\frac{\partial f}{\partial y}\end{aligned} \tag{3.5}$$

証明は，1 変数の場合と同様なので省略する．

注意 3.4 正確に書くと，点 (u_0, v_0) で微分するものとして，$x_0 = x(u_0, v_0)$, $y_0 = y(u_0, v_0)$ として，

$$\frac{\partial F}{\partial u}(u_0, v_0) = \frac{\partial x}{\partial u}(u_0, v_0)\frac{\partial f}{\partial x}(x_0, y_0) + \frac{\partial y}{\partial u}(u_0, v_0)\frac{\partial f}{\partial y}(x_0, y_0)$$

などとなる． ◁

例 3.6 $f(x, y) = x^2 + xy + y^2$ とするとき，
(1) $x = t$, $y = t^2$, $z(t) := f(x(t), y(t))$ とすると

$$z(t) = t^2 + t^3 + t^4, \quad \therefore \ \frac{dz}{dt} = 2t + 3t^2 + 4t^3$$

一方，$f_x = 2x + y$, $f_y = x + 2y$, $dx/dt = 1$, $dy/dt = 2t$ だから

$$f_x(x(t), y(t))\frac{dx}{dt}(t) + f_y(x(t), y(t))\frac{dy}{dt}(t)$$
$$= (2x + y) \cdot 1 + (x + 2y) \cdot 2t = (2t + t^2) + (t + 2t^2)2t = 2t + 3t^2 + 4t^3$$

となって，式 (3.3′) が成り立っている．

(2) $x = r\cos\theta$, $y = r\sin\theta$, $F(r, \theta) := f(x(r, \theta), y(r, \theta))$ とすると

$$F(r, \theta) = r^2\cos^2\theta + r^2\cos\theta\sin\theta + r^2\sin^2\theta = r^2\left(1 + \frac{1}{2}\sin 2\theta\right)$$

したがって，

$$\frac{\partial F}{\partial r} = r(2 + \sin 2\theta), \quad \frac{\partial F}{\partial \theta} = r^2\cos 2\theta$$

一方で，$x_r = \cos\theta$, $y_r = \sin\theta$, $x_\theta = -r\sin\theta$, $y_\theta = r\cos\theta$ であるので

$$\frac{\partial F}{\partial x}\frac{\partial x}{\partial r} + \frac{\partial F}{\partial y}\frac{\partial y}{\partial r} = (2x + y)\cos\theta + (x + 2y)\sin\theta$$
$$= (2r\cos\theta + r\sin\theta)\cos\theta + (r\cos\theta + 2r\sin\theta)\sin\theta$$
$$= 2r(\cos^2\theta + \sin^2\theta) + 2r\cos\theta\sin\theta$$
$$= r(2 + \sin 2\theta)$$

$$\frac{\partial F}{\partial x}\frac{\partial x}{\partial \theta} + \frac{\partial F}{\partial y}\frac{\partial y}{\partial \theta} = (2x + y)(-r\sin\theta) + (x + 2y)(r\cos\theta)$$
$$= (2r\cos\theta + r\sin\theta)(-r\sin\theta) + (r\cos\theta + 2r\sin\theta)(r\cos\theta)$$
$$= r^2(\cos^2\theta - \sin^2\theta) = r^2\cos 2\theta$$

となって，式 (3.5) が成り立っている． ◁

3.4.1 高階の偏微分

定義 3.4 $\partial f/\partial x$ の x についての偏微分 $(\partial/\partial x)(\partial f/\partial x)$ を, $\partial^2 f/\partial x^2$ または f_{xx} と書く. また y についての偏微分を, $(\partial/\partial y)(\partial f/\partial x)$ を, $\partial^2 f/(\partial y \partial x)$ または f_{xy} と書く. そのほか $\partial^2 f/(\partial x \partial y)$, $\partial^2 f/\partial y^2$ (f_{yx}, f_{yy}) も同様である.

1 階の場合と同様に, ある領域にわたって高階の偏微分が可能な関数では, その領域で**高階偏導関数**が定義される.

例 3.7 $f(x,y) = y\log x + xy^3$ とすると

$$f_x = \frac{y}{x} + y^3, \quad f_y = \log x + 3xy^2$$

であるので

$$f_{xy} = (f_x)_y = \frac{1}{x} + 3y^2, \quad f_{yx} = (f_y)_x = \frac{1}{x} + 3y^2$$

となり, $f_{xy} = f_{yx}$ である. ◁

例 3.8

$$f(x,y) := \begin{cases} \dfrac{x^3 y}{x^2+y^2} & (x,y) \neq (0,0) \\ 0 & (x,y) = (0,0) \end{cases}$$

とすると,

$$f_x(x,y) = \begin{cases} \dfrac{x^4 y + 3x^2 y^3}{(x^2+y^2)^2} & (x,y) \neq (0,0) \\ 0 & (x,y) = (0,0) \end{cases}$$

$$f_y(x,y) = \begin{cases} \dfrac{x^5 - x^3 y^2}{(x^2+y^2)^2} & (x,y) \neq (0,0) \\ 0 & (x,y) = (0,0) \end{cases}$$

したがって,

$$f_{xy}(0,0) = \lim_{h \to 0} \frac{f_x(0,h) - f_x(0,0)}{h} = \lim_{h \to 0} \frac{0}{h^5} = 0$$

一方,

$$f_{yx}(0,0) = \lim_{h \to 0} \frac{f_y(h,0) - f_y(0,0)}{h} = \lim_{h \to 0} \frac{h^5}{h^5} = 1$$

よって, $f_{xy}(0,0) \neq f_{yx}(0,0)$. ◁

3 偏　微　分

定理 3.2 xy 平面の領域 D において f_{xy} と f_{yx} がともに存在し連続ならば，D において $f_{xy} = f_{yx}$ である．

(証明) 平均値の定理の応用になる．領域 D 内の点 (x_0, y_0) を考える．

$$\Delta(h, k) := f(x_0 + h, y_0 + k) - f(x_0 + h, y_0) - f(x_0, y_0 + k) + f(x_0, y_0)$$

とする．ここで，

$$\phi(x) := f(x, y_0 + k) - f(x, y_0), \qquad \psi(y) := f(x_0 + h, y) - f(x_0, y)$$

とすると，

$$\Delta(h, k) = \phi(x_0 + h) - \phi(x_0) \cdots \text{(a)}, \qquad \Delta(h, k) = \psi(y_0 + k) - \psi(y_0) \cdots \text{(b)}$$

である．

$\phi(x)$ は f_{xy} が存在するので C^1 級である．そこで，(a) に対して平均値の定理を用いると，

$$\begin{aligned}\Delta(h, k) &= h\phi'(x_0 + \theta_1 h) \\ &= h\left(f_x(x_0 + \theta_1 h, y_0 + k) - f_x(x_0 + \theta_1 h, y_0)\right)\end{aligned}$$

を満たす $0 < \theta_1 < 1$ が存在する．f_{xy} が連続なので，さらに y についての平均値の定理を用いると，

$$\Delta(h, k) = hk f_{xy}(x_0 + \theta_1 h, y_0 + \theta_2 k)$$

となる $0 < \theta_2 < 1$ が存在することになる．

同様に (b) に対して平均値の定理を続けて用いると，

$$\Delta(h, k) = hk f_{yx}(x_0 + \theta_3 h, y_0 + \theta_4 k)$$

を満たす $0 < \theta_3, \theta_4 < 1$ があることがわかる．よって

$$f_{xy}(x_0 + \theta_1 h, y_0 + \theta_2 k) = f_{yx}(x_0 + \theta_3 h, y_0 + \theta_4 k)$$

f_{xy}, f_{yx} は (x_0, y_0) で連続であるので，$h \to 0, k \to 0$ として

$$f_{xy}(x_0, y_0) = f_{yx}(x_0, y_0)$$

を得る． ■

定義 3.5 $f(x,y)$ に対して，任意の n 階偏導関数が存在し，それらがすべて連続であるとき，$f(x,y)$ は C^n 級であるという．

たとえば，f_x, f_y が連続であれば，f は C^1 級，f_{xx}, f_{xy}, f_{yx}, f_{yy} が連続であれば C^2 級という．

系 3.2 f が C^n 級であるとき，f の n 階の偏導関数は，偏微分の順序を変えても等しい．

たとえば，f が C^3 級であれば，$f_{xxy} = f_{xyx} = f_{yxx}$ などが成り立つ．

(証明) 定理 3.2 を繰り返し用いることで証明することができる．たとえば，f_x に定理を用いれば $f_{xxy} = f_{xyx}$．また，$f_{xy} = f_{yx}$ であったから $f_{xyx} = f_{yxx}$，などとなる． ∎

3.4.2 多変数関数の Taylor 展開

定理 3.3 $f(x,y)$ が (x_0, y_0) 近傍で C^{n+1} 級であるとき，

$$f(x_0+h, y_0+k) = f(x_0,y_0) + \sum_{l=1}^{n} \frac{1}{l!} \sum_{j=0}^{l} \binom{l}{j} h^j k^{l-j} \frac{\partial^l f}{\partial x^j \partial y^{l-j}}(x_0, y_0)$$
$$+ \frac{1}{(n+1)!} \sum_{j=0}^{n+1} \binom{n+1}{j} h^j k^{n+1-j} \frac{\partial^{n+1} f}{\partial x^j \partial y^{n+1-j}}(x_0+\theta h, y_0+\theta k)$$

となる $0 < \theta < 1$ が存在する．

(証明) $F(t) := f(x_0+ht, y_0+kt)$ $(0 \le t \le 1)$ を考える．$x(t) = x_0 + ht$, $y(t) = y_0 + kt$ と考えて，

$$\frac{dF}{dt}(t) = f_x(x(t), y(t))\frac{dx}{dt}(t) + f_y(x(t), y(t))\frac{dy}{dt}(t)$$
$$= hf_x(x(t), y(t)) + kf_y(x(t), y(t))$$

$$\frac{d^2 F}{dt^2}(t) = h\frac{df_x}{dt}(x(t), y(t)) + k\frac{df_y}{dt}(x(t), y(t))$$
$$= h\left(f_{xx}\frac{dx}{dt}(t) + f_{xy}\frac{dy}{dt}(t)\right) + k\left(f_{yx}\frac{dx}{dt}(t) + f_{yy}\frac{dy}{dt}(t)\right)$$

88   3 偏　微　分

$$= h^2 f_{xx}(x(t),y(t)) + 2hk f_{xy}(x(t),y(t)) + k^2 f_{yy}(x(t),y(t))$$

であり，この計算を続けて F の n 階導関数が，f の n 階偏導関数を用いて表される．f は C^{n+1} 級であるので，F も (t の関数として) C^{n+1} 級であるから，Taylor の公式を使って

$$F(1) = F(0) + \sum_{l=1}^{n} \frac{1}{l!} \frac{\mathrm{d}^l F}{\mathrm{d} t^l}(0) + \frac{1}{(n+1)!} \frac{\mathrm{d}^{n+1} F}{\mathrm{d} t^{n+1}}(\theta)$$

系 3.2 より，f の偏導関数は x, y での偏微分の順序を変えても等しいことを用いれば，(帰納法などで) 以下の結果を示すことができる：

$$\frac{\mathrm{d}^l F}{\mathrm{d} t^l}(t) = \sum_{j=0}^{l} \binom{l}{j} h^j k^{l-j} \frac{\partial^l f}{\partial x^j \partial y^{l-j}}(x(t), y(t))$$

これを代入すれば求める結果を得る． ∎

系 3.3 $f(x,y)$ が C^∞ 級であり，剰余項

$$\frac{1}{(n+1)!} \sum_{j=0}^{n+1} \binom{n+1}{j} h^j k^{n+1-j} \frac{\partial^{n+1} f}{\partial x^j \partial y^{n+1-j}}(x_0 + \theta h, y_0 + \theta k)$$

が $n \to +\infty$ で 0 に収束すれば，

$$f(x_0 + h, y_0 + k) = f(x_0, y_0) + \sum_{n=1}^{\infty} \frac{1}{n!} \sum_{j=0}^{n} \binom{n}{j} h^j k^{n-j} \frac{\partial^n f}{\partial x^j \partial y^{n-j}}(x_0, y_0) \quad (3.6)$$

が成り立つ．この級数展開を f の (x_0, y_0) のまわりの Taylor 展開という．

注意 3.5 $F(t) := f(x_0 + ht, y_0 + kt)$ が t について Taylor 展開可能であれば，

$$F(1) = \sum_{n=0}^{\infty} \frac{1}{n!} \frac{\mathrm{d}^n F}{\mathrm{d} t^n}(0)$$

であるが，$x = x_0 + ht$, $y = y_0 + kt$ として，合成関数の微分の公式より，

$$\frac{\mathrm{d}}{\mathrm{d} t} = \frac{\mathrm{d} x}{\mathrm{d} t} \frac{\partial}{\partial x} + \frac{\mathrm{d} y}{\mathrm{d} t} \frac{\partial}{\partial y} = h \frac{\partial}{\partial x} + k \frac{\partial}{\partial y}$$

となるので，

$$f(x_0 + h, y_0 + k) = f(x_0, y_0) + \sum_{n=1}^{\infty} \frac{1}{n!} \left(h \frac{\partial}{\partial x} + k \frac{\partial}{\partial y} \right)^n f(x_0, y_0) \quad (3.7)$$

と表すことができる．もちろん，式 (3.7) は式 (3.6) に一致する． ◁

注意 3.6 実際には，式 (3.6) に従って計算する必要はない．たとえば

$$f(x,y) = \log(1+x)\mathrm{e}^{-y}$$
$$= \left(\sum_{l=1}^{\infty} \frac{(-1)^{l+1}}{l} x^l\right)\left(\sum_{m=0}^{\infty} \frac{(-1)^m}{m!} y^m\right)$$

ここで $l+m=n$ として，和をとる順序を交換すると

$$f(x,y) = \sum_{n=1}^{\infty} (-1)^{n+1} \sum_{l=1}^{n} \frac{1}{l(n-l)!} x^l y^{n-l}$$

である．一方で

$$\frac{\partial^n f}{\partial x^l \partial y^{n-l}}(x,y) = \frac{(-1)^{l+1}(l-1)!}{(1+x)^l}(-1)^{n-l}\mathrm{e}^{-y}$$

であるので式 (3.6) からも同じ式を得る． ◁

3.5 極値問題

3.5.1 1変数の場合

命題 3.4 $f(x)$ が区間 I で C^2 級であるとする．f が $x \in I$ で極値 (極小値または極大値) をとるならば，$f'(x) = 0$ である．さらに，$f'(x) = 0$, $f''(x) > 0$ ならば極小値をとり，$f'(x) = 0$, $f''(x) < 0$ ならば極大値をとる．

(証明) Taylor の公式により

$$f(x+h) = f(x) + hf'(x) + \frac{h^2}{2} f''(x+\theta h) \qquad (0 < \theta < 1)$$

が成り立つ．$f'(x) \neq 0$ とすると，$|h| \ll 1$ ならば h の符号を変えることによって $f(x+h)$ は $f(x)$ よりも大きくも小さくもできるから極値にはなりえない．ゆえに，$f'(x) = 0$ である．

$f'(x) = 0$ かつ $f''(x) > 0$ であるならば，f'' の連続性より，微小な h の値に対して $f''(x+\theta h) > 0$ であるから，

$$f(x+h) = f(x) + \frac{h^2}{2} f''(x+\theta h) \ > \ f(x)$$

したがって，f は極小値をとる．

同様に考えて，$f'(x) = 0$ かつ $f''(x) < 0$ ならば f は x で極大値をとる．■

3.5.2 2変数の場合

命題 3.5 f は C^2 級関数であるとする．f が点 (x, y) で極値をもつためには，

(1) $f_x(x, y) = f_y(x, y) = 0$ が必要条件である．
(2)-1 さらに，その極値が極小値であるための十分条件は，(x, y) において，

$$f_{xx} > 0 \quad \text{かつ} \quad \begin{vmatrix} f_{xx} & f_{xy} \\ f_{yx} & f_{yy} \end{vmatrix} > 0$$

極大値であるための十分条件は，(x, y) において，

$$f_{xx} < 0 \quad \text{かつ} \quad \begin{vmatrix} f_{xx} & f_{xy} \\ f_{yx} & f_{yy} \end{vmatrix} > 0$$

が成り立つことである．

(2)-2 $\begin{vmatrix} f_{xx} & f_{xy} \\ f_{yx} & f_{yy} \end{vmatrix} < 0$ ならば極値ではない (**鞍点**である)．

(**証明**) Taylor の公式により，任意の h, k に対して

$$f(x+h, y+k) = f(x, y) + h f_x(x, y) + k f_y(x, y) \\ + \frac{h^2}{2} f_{xx}(x', y') + hk f_{xy}(x', y') + \frac{k^2}{2} f_{yy}(x', y')$$

が成り立つ．ただし，$x' = x + \theta h$, $y' = y + \theta k$ $(0 < \theta < 1)$ である．したがって，極小値であれば $f(x+h, y+k) - f(x, y) > 0$ であるので，任意のともに 0 ではない h, k に対して

$$h f_x(x, y) + k f_y(x, y) + \frac{h^2}{2} f_{xx}(x', y') + hk f_{xy}(x', y') + \frac{k^2}{2} f_{yy}(x', y') > 0.$$

よって $f_x(x, y) = f_y(x, y) = 0$ が必要条件になる．

また，(h, $k \to 0$ と考えて) 任意のともには 0 でない h, k に対して

$$h^2 f_{xx}(x, y) + 2hk f_{xy}(x, y) + k^2 f_{yy}(x, y) > 0$$

が成り立てばよい．

$$h^2 f_{xx}(x,y) + 2hk f_{xy}(x,y) + k^2 f_{yy}(x,y)$$
$$= f_{xx}(x,y) \left(h + k \frac{f_{xy}(x,y)}{f_{xx}(x,y)} \right)^2 + \frac{k^2}{f_{xx}(x,y)} \left(f_{xx}(x,y) f_{yy}(x,y) - f_{xy}(x,y)^2 \right)$$
$$= f_{yy}(x,y) \left(k + h \frac{f_{xy}(x,y)}{f_{yy}(x,y)} \right)^2 + \frac{h^2}{f_{yy}(x,y)} \left(f_{xx}(x,y) f_{yy}(x,y) - f_{xy}(x,y)^2 \right)$$

であるから，$f_{xx}(x,y) > 0$（または，$f_{yy}(x,y) > 0$）かつ

$$f_{xx}(x,y) f_{yy}(x,y) - f_{xy}(x,y)^2 > 0 \iff \begin{vmatrix} f_{xx} & f_{xy} \\ f_{yx} & f_{yy} \end{vmatrix} > 0$$

が十分条件になる．極大値の場合も同様である．

最後に，$\begin{vmatrix} f_{xx} & f_{xy} \\ f_{yx} & f_{yy} \end{vmatrix} < 0$ であれば h, k の値によって正にも負にもなる．したがって，極値ではない． ∎

注意 3.7 証明からわかるように極小であるための十分条件として，$f_{xx} > 0$ ではなく $f_{yy} > 0$ としてもよい．実際，$f_{yy} > 0$ かつ $\begin{vmatrix} f_{xx} & f_{xy} \\ f_{yx} & f_{yy} \end{vmatrix} > 0$ であれば $f_{xx} > 0$ である．同様に極大値の場合も $f_{xx} < 0$ のかわりに $f_{yy} < 0$ としてよい． ◁

注意 3.8 たとえば，$f(x,y) = x^4 + y^2$ は $(0,0)$ で極小値をとるが，$f_{xx}(0,0) = 0$ である．したがって，$f_{xx} = 0$ の場合には高次の項まで考えて判定しなければならない． ◁

例題 3.2 $f(x,y) = x^3 + y^3 - x^2 + xy - y^2$ が極値をとる点をすべて求めよ． ◁

(解) 極値をとる点では，$f_x(x,y) = 3x^2 - 2x + y = 0$, $f_y(x,y) = 3y^2 - 2y + x = 0$ であるので，最初の式から $y = 2x - 3x^2$．これを次の式に代入して整理すると

$$3x(3x-1)(3x^2 - 3x + 1) = 0$$

ゆえに $(x,y) = (0,0)$ または $(x,y) = (1/3, 1/3)$.

$$f_{xx} = 6x - 2, \ f_{xy} = 1, \ f_{yy} = 6y - 2,$$

$$\begin{vmatrix} f_{xx} & f_{xy} \\ f_{yx} & f_{yy} \end{vmatrix} = f_{xx}f_{yy} - f_{xy}^2 = 4(3x-1)(3y-1) - 1$$

であるので,

$$(x,y) = (0,0) \text{ では, } f_{xx} < 0, \begin{vmatrix} f_{xx} & f_{xy} \\ f_{yx} & f_{yy} \end{vmatrix} > 0$$

であるので極大値.

$$(x,y) = \left(\frac{1}{3}, \frac{1}{3}\right) \text{ では, } \begin{vmatrix} f_{xx} & f_{xy} \\ f_{yx} & f_{yy} \end{vmatrix} < 0$$

であるので極値ではない.

3.6　3 変数以上の偏微分と偏導関数

3 変数以上の関数の偏微分も, 2 変数の場合と本質的な違いはない. たとえば 3 変数関数 $f(x,y,z)$ では, f_x, f_y, f_z, f_{xx}, f_{xy}, f_{xz} などの偏導関数が定義される. 以下では n 変数関数を考え, その変数を $\bm{x} := (x_1, x_2, \ldots, x_n)$ とする. また微小な変化量を $\bm{h} := (h_1, h_2, \ldots, h_n)$ によって表すことにする.

定義 3.6 f が $\bm{x}$ で微分可能であるとは

$$f(\bm{x} + \bm{h}) = f(\bm{x}) + \sum_{i=1}^{n} f_i(\bm{x}) h_i + o(\|\bm{h}\|)$$

が成り立つことである. ただし,

$$f_i := \frac{\partial f}{\partial x_i}, \ \|\bm{h}\| := \sqrt{\sum_{i=1}^{n} h_i^2}$$

とする.

合成関数の微分についても 2 変数の場合と同様で次の結果が得られる (証明は省略する).

命題 3.6 (合成関数の微分) $\bm{x} := (x_1, x_2, \ldots, x_n)$, $\bm{y} := (y_1, y_2, \ldots, y_n)$ とし, n 変数関数 $f = f(\bm{x})$ の変数変換を考える. $\bm{x} = \bm{x}(\bm{y})$ とし, $F(\bm{y}) := f(\bm{x}(\bm{y}))$ とす

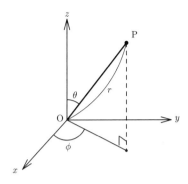

図 3.2   3 次元の極座標

る．また，$f, \boldsymbol{x}$ は考えている領域で微分可能であるとする．このとき，
$$\frac{\partial F}{\partial y_i}(\boldsymbol{y}) = \sum_{j=1}^{n} \frac{\partial x_j}{\partial y_i}(\boldsymbol{y}) \frac{\partial f}{\partial x_j}(\boldsymbol{x}(\boldsymbol{y})) \quad (i=1,2,\ldots,n)$$
が成り立つ．

例題 3.3 [**3 次元の極座標**]
$x = r\sin\theta\cos\phi,\ y = r\sin\theta\sin\phi,\ z = r\cos\theta,\ (0 \le r,\ 0 \le \theta \le \pi,\ 0 \le \phi \le 2\pi)$ とするとき，以下の問に答えよ．

(1) $\partial x/\partial r,\ \partial x/\partial \theta,\ \partial x/\partial \phi$ を求めよ．
(2) $\partial r/\partial x,\ \partial \theta/\partial x,\ \partial \phi/\partial x$ を求めよ．
(3) $f(r,\theta,\phi) := \sin^2\phi,\ g(x,y,z) = f(r,\theta,\phi)$ とするとき，$\partial g/\partial x$ を求めよ．

◁

(**解**) (1) $\partial x/\partial r = \sin\theta\cos\phi,\ \partial x/\partial \theta = r\cos\theta\cos\phi,\ \partial x/\partial \phi = -r\sin\theta\sin\phi$
(2) $r = \sqrt{x^2+y^2+z^2}$ より
$$\frac{\partial r}{\partial x} = \frac{x}{\sqrt{x^2+y^2+z^2}}.$$
$\sqrt{x^2+y^2} = r\sin\theta,\ z = r\cos\theta$ より
$$\tan\theta = \frac{\sqrt{x^2+y^2}}{z}$$

したがって,
$$\frac{\partial \theta}{\partial x} = \frac{\partial}{\partial x} \tan^{-1}\left(\frac{\sqrt{x^2+y^2}}{z}\right).$$
ここで, $(\tan^{-1} t)' = 1/(1+t^2)$ であるので,
$$\frac{\partial \theta}{\partial x} = \frac{1}{1+\left(\frac{\sqrt{x^2+y^2}}{z}\right)^2} \frac{\partial}{\partial x} \frac{\sqrt{x^2+y^2}}{z}$$
$$= \frac{1}{1+\frac{x^2+y^2}{z^2}} \frac{x}{z\sqrt{x^2+y^2}} = \frac{xz}{(x^2+y^2+z^2)\sqrt{x^2+y^2}}.$$
また, $\tan\phi = y/x$ であるので, 同様な計算により
$$\frac{\partial \phi}{\partial x} = -\frac{y}{x^2+y^2}.$$
(3) $\partial g/\partial x = (\partial r/\partial x)(\partial f/\partial r) + (\partial \theta/\partial x)(\partial f/\partial \theta) + (\partial \phi/\partial x)(\partial f/\partial \phi)$.
したがって,
$$\frac{\partial g}{\partial x} = 2\sin\phi\cos\phi\frac{\partial \phi}{\partial x} = -\frac{2xy^2}{(x^2+y^2)^2}.$$
なお, 直接代入すると,
$$g(x,y) = \frac{y^2}{x^2+y^2}$$
であり,
$$\frac{\partial g}{\partial x} = -\frac{2xy^2}{(x^2+y^2)^2}$$
と, 当然同じ結果を得る.

3.6.1 3変数以上の関数の極値問題

3変数以上に対しても, 2変数と同様にして Taylor の公式を求めることができる. とくに C^2 級関数 $f = f(x_1, x_2, x_3)$ の場合, $\boldsymbol{x} := (x_1, x_2, x_3)$, $\boldsymbol{h} := (h_1, h_2, h_3)$, $f_{ij} := f_{x_i x_j}$ として,
$$f(\boldsymbol{x}+\boldsymbol{h}) = f(\boldsymbol{x}) + \sum_{i=1}^{3} h_i f_i(\boldsymbol{x}) + \frac{1}{2!}\sum_{i=1}^{3}\sum_{j=1}^{3} h_i h_j f_{ij}(\boldsymbol{x}+\theta\boldsymbol{h})$$
となる $0 < \theta < 1$ が存在することがわかる. 命題 3.5 と同様に考えて, 次の命題が成り立つ (証明は省略する).

命題 3.7 (1) f が点 $\boldsymbol{x}$ で極値をとるための必要条件は $f_i(\boldsymbol{x}) = 0$ $(i = 1, 2, 3)$ である.

(2)-1 さらに,その点が極小値であるための十分条件は次のものである.

$$f_{11} > 0, \quad \begin{vmatrix} f_{11} & f_{12} \\ f_{21} & f_{22} \end{vmatrix} > 0, \quad \begin{vmatrix} f_{11} & f_{12} & f_{13} \\ f_{21} & f_{22} & f_{23} \\ f_{31} & f_{32} & f_{33} \end{vmatrix} > 0$$

(2)-2 また,その点が極大値であるための十分条件は (1) に加えて次が成り立つことである.

$$f_{11} < 0, \quad \begin{vmatrix} f_{11} & f_{12} \\ f_{21} & f_{22} \end{vmatrix} > 0, \quad \begin{vmatrix} f_{11} & f_{12} & f_{13} \\ f_{21} & f_{22} & f_{23} \\ f_{31} & f_{32} & f_{33} \end{vmatrix} < 0$$

より一般的に,n 変数関数 $f(\boldsymbol{x})$ $(\boldsymbol{x} := (x_1, x_2, \ldots, x_n))$ に関して,次の定理が成立することが知られている.

定理 3.4 $f_{ij} := f_{x_i x_j}(\boldsymbol{x})$ とし,k 次行列 H_k を

$$H_k := \begin{pmatrix} f_{11} & f_{12} & \cdots & f_{1k} \\ f_{21} & f_{22} & \cdots & f_{2k} \\ \vdots & \vdots & \ddots & \vdots \\ f_{k1} & f_{k2} & \cdots & f_{kk} \end{pmatrix}$$

と定義する.$f_{x_i}(\boldsymbol{x}) = 0$ $(i = 1, 2, \ldots, n)$ であるとき,行列式 $\det H_k$ $(k = 1, 2, \ldots, n)$ の符号がすべて正であれば f は点 $\boldsymbol{x}$ で極小値をとり,$(-1)^k$ であれば極大値をとる.

注意 3.9 定理 3.4 において,n 変数関数 $f(\boldsymbol{x})$ に対して定義された行列 H_n を,f の **Hesse** (ヘッセ) **行列**という.Hesse 行列の行列式は,単にヘッシアンとよばれる. ◁

注意 3.10 独立変数に対する番号付けは関数の値に影響を与えないから,$x_1, x_2, \ldots, x_n$ を並び替え,$x_{\sigma(1)}, x_{\sigma(2)}, \ldots, x_{\sigma(n)}$ として,新たに Hesse 行列を

$$H_k^{(\sigma)} := \begin{pmatrix} f_{\sigma(1)\sigma(1)} & f_{\sigma(1)\sigma(2)} & \cdots & f_{\sigma(1)\sigma(k)} \\ f_{\sigma(2)\sigma(1)} & f_{\sigma(2)\sigma(2)} & \cdots & f_{\sigma(2)\sigma(k)} \\ \vdots & \vdots & \ddots & \vdots \\ f_{\sigma(k)\sigma(1)} & f_{\sigma(k)\sigma(2)} & \cdots & f_{\sigma(k)\sigma(k)} \end{pmatrix} \quad (k = 1, 2, \ldots, n)$$

と定義しても，定理 3.4 は (したがって命題 3.7 も) 成り立つ．これは，注意 3.7 での指摘と同様に，たとえば，すべての k ($k \in \{1, 2, \ldots, n\}$) に対して $\det H_k > 0$ であることとすべての k ($k \in \{1, 2, \ldots, n\}$) に対して $\det H_k^{(\sigma)} > 0$ であることが同値であるためである． ◁

3.7 凸 関 数

　一般に関数はその定義域においていくつかの極値をとりうるため，極小値が最小値，あるいは極大値が最大値となるとは限らない．

例 3.9 $\mathbb{R}$ 上で定義された二つの関数 $f_1(x) := x^4 - 4x$ と $f_2(x) = x^4 - 2x^2$ を考える．$f_1'(x) = 4x^3 - 4 = 4(x-1)(x^2 + x + 1)$ であるので，$f_1(x)$ は $x = 1$ のみで極値をとり，$f_1''(1) = 12 > 0$ であるので，命題 3.4 より，$x = 1$ で極小値，したがって最小値をとる．一方，$f_2'(x) = 4x(x+1)(x-1)$ であるので，$x = 0, \pm 1$ の 3 点で極値をとる．

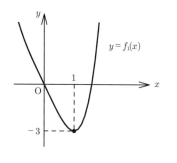
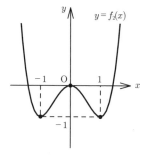

図 **3.3**　$y = f_1(x)$ の概形　　図 **3.4**　$y = f_2(x)$ の概形

◁

3.7 凸関数

例 3.9 の二つの関数 $f_1(x)$ と $f_2(x)$ では，局所的な性質 (極小) が大域的な性質 (最小) と一致するという意味で，$f_1(x)$ のほうが都合の良い性質をもつと考えられる．関数 $f_1(x)$ のように，定義された領域でただ一つの極値をもち，それが最小値になるような関数を**凸関数**という．同様に，ただ一つの極値が最大値であるような関数を**凹関数**という．より正確には次のように定義される．

定義 3.7 領域 $D \subseteq \mathbb{R}^n$ が**凸集合**であるとは，任意の $\boldsymbol{x}, \boldsymbol{y} \in D$, $0 \leq t \leq 1$ に対して，
$$t\boldsymbol{x} + (1-t)\boldsymbol{y} \in D$$
が成り立つことである．

定義 3.8 凸集合 $D \subseteq \mathbb{R}^n$ において定義された関数 $f(\boldsymbol{x})$ が，任意の $\boldsymbol{x}, \boldsymbol{y} \in D$, $0 \leq t \leq 1$ に対して，
$$f(t\boldsymbol{x} + (1-t)\boldsymbol{y}) \leq tf(\boldsymbol{x}) + (1-t)f(\boldsymbol{y})$$
を満たすとき，f は**凸関数**であるという．逆に
$$f(t\boldsymbol{x} + (1-t)\boldsymbol{y}) \geq tf(\boldsymbol{x}) + (1-t)f(\boldsymbol{y})$$
を満たすとき，f は**凹関数**であるという．

凸関数は最適化問題などを考える上で重要な役割を果たす．凸関数については次の二つの定理が成り立つ[2]．証明は省略する．

定理 3.5 凸関数は，極小を与える点で最小値をとる．

定理 3.6 凸集合 $D \subseteq \mathbb{R}^n$ において定義された C^2 級関数 $f(\boldsymbol{x})$ が，凸関数であるための必要十分条件は，その Hesse 行列が各点 $\boldsymbol{x}$ で**半正定値**となることである．

ここで，対称行列 A が半正定値であるとは，その行列の固有値がすべて非負となることである[*5]．

[*5] 実対称行列の固有値はすべて実数である．工学教程『線形代数 I』参照．

3.8 陰 関 数

領域 $U \in \mathbb{R}^2$ において定義された関数 f が与えられ, 二つの変数 x, y の間に関数関係式 $f(x,y) = 0$ が成り立つ場合, y を x の関数として表すことのできる条件, また, その導関数を f を用いて表現することを考えたい. $(x,y) = (a,b) \in U$, $f(a,b) = 0$ とし, 点 (a,b) の近傍で $f(x, g(x)) = 0$ を満たす関数 $g(x)$ が存在するとき, $g(x)$ を $f(x,y) = 0$ で定義される**陰関数**という.

一般に, $\boldsymbol{x} = (x_1, \ldots, x_n)$ $(n \in \mathbb{N})$ として, ある点の近傍で $f(\boldsymbol{x}, g(\boldsymbol{x})) = 0$ を満たす関数 $g(\boldsymbol{x})$ が存在するとき, $g(\boldsymbol{x})$ を $f(\boldsymbol{x}, y) = 0$ で定義される陰関数という.

例 3.10 $x^2 + y^2 - 1 = 0$ であるとき, 点 (x,y) が, (1) $(1/\sqrt{2}, 1/\sqrt{2})$, (2) $(-1/\sqrt{2}, -1/\sqrt{2})$, (3) $(-1, 0)$ の各々の近傍で y を x の関数として表すと, (1) $y = \sqrt{1-x^2}$, (2) $y = -\sqrt{1-x^2}$, (3) $(-1, 0)$ の近傍では, 一つの x の値に二つの y の値が対応するから, y は x の関数として表せない, となる. ◁

3.8.1 陰 関 数 定 理

陰関数の存在については次の定理が重要である. 証明はやや複雑であり省略する[7].

定理 3.7 $f(\boldsymbol{x}, y)$ は開集合 $U \in \mathbb{R}^{n+1}$ において C^1 級かつ任意の $(\boldsymbol{x}, y) \in U$ において $f_y(\boldsymbol{x}, y) \neq 0$ を満たすものとする. $(\boldsymbol{a}, b) \in U$ とし, $f(\boldsymbol{a}, b) = c$ とする. このとき, ある正数 ϵ, δ が存在し

$$I(\epsilon, \delta) := \left\{ (\boldsymbol{x}, z) \,\middle|\, |\boldsymbol{x} - \boldsymbol{a}| < \epsilon, |z - c| < \delta \right\}$$

として, $I(\epsilon, \delta)$ 上で定義される C^1 級関数 $g(\boldsymbol{x}, z)$ が存在し,

(1) $(\boldsymbol{x}, g(\boldsymbol{x}, z)) \in U$, $g(\boldsymbol{a}, c) = b$, $f(\boldsymbol{x}, g(\boldsymbol{x}, z)) = z$ および $g(\boldsymbol{x}, f(\boldsymbol{x}, y)) = y$
(2) 任意の $i \in \{1, \ldots, n\}$ に対して,

$$g_{x_i}(\boldsymbol{x}, z) = -\frac{f_{x_i}(\boldsymbol{x}, g(\boldsymbol{x}, z))}{f_y(\boldsymbol{x}, g(\boldsymbol{x}, z))}$$

(3) f が C^r 級ならば, g も C^r 級

が成り立つ.

定理 3.7 において, $c = 0$, $\phi(x) = g(x, 0)$ とすればただちに次の系を得る. これを**陰関数定理**という.

系 3.4 (陰関数定理) $f(x, y)$ は開集合 $U \in \mathbb{R}^{n+1}$ において C^1 級かつ任意の $(x, y) \in U$ において $f_y(x, y) \neq 0$ を満たすものとする. $(a, b) \in U$ において $f(a, b) = 0$ であるなら, 適当な $\epsilon > 0$ に対して, $D_\epsilon := \{\, x \,|\, \|x - a\| < \epsilon \,\}$ とおくと D_ϵ 上で定義される C^1 級関数 $\phi(x)$ が存在し,

$$f(x, \phi(x)) = 0, \quad \phi(a) = b$$

となる. そして,

$$\phi_{x_i}(x) = -\frac{f_{x_i}(x, \phi(x))}{f_y(x, \phi(x))} \qquad (i \in \{1, \ldots, n\})$$

が成り立つ. もしも f が C^r 級ならば, ϕ も C^r 級である.

注意 3.11 $f(a, b) = 0$ とすると, Taylor の公式を考えて

$$f(x, y) = f(a, b) + \sum_{i=1}^{n} f_{x_i}(a, b)(x_i - a_i) + f_y(a, b)(y - b) + \cdots$$

したがって, $f_y(a, b) \neq 0$ であれば,

$$y \fallingdotseq b - \frac{1}{f_y(a, b)} \sum_{i=1}^{n} f_{x_i}(a, b)(x_i - a_i)$$

のように, y を x で表すことができる. これが, 陰関数定理において $f_y(x, y) \neq 0$ が条件とされる理由である. ◁

例 3.11 $f(x, y) = x^3 + y^3 - 3xy = 0$ とすると, $f_y = 3y^2 - 3x$ であるから, $f(x, y) = f_y(x, y) = 0$ を満たす点は $(x, y) = (0, 0)$, $(\sqrt[3]{4}, \sqrt[3]{2})$. したがって, この 2 点以外の $f(x, y) = 0$ 上の点では陰関数 $y = \phi(x)$ が存在する. そして,

$$\phi(x)' = -\frac{f_x}{f_y} = \frac{\phi(x) - x^2}{\phi(x)^2 - x}$$

である. ◁

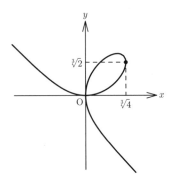

図 3.5　$x^3 + y^3 - 3xy = 0$ で与えられる曲線

陰関数定理 (系 3.4) は，次のように一般化される．簡単のため $m \times n$ 行列

$$\begin{pmatrix} a_{11} & \cdots & a_{1n} \\ \vdots & & \vdots \\ a_{m1} & \cdots & a_{mn} \end{pmatrix}$$

を $\bigl(a_{ij}\bigr)_{mn}$ と表すことにする．

定理 3.8 (陰関数定理 2) $\bm{x} = (x_1, x_2, \ldots, x_n)$, $\bm{y} = (y_1, y_2, \ldots, y_m)$ とする．関数の組 $\bm{f} := (f_1, f_2, \ldots, f_m) : \mathbb{R}^n \times \mathbb{R}^m \to \mathbb{R}^m$ は開集合 $U \in \mathbb{R}^{n+m}$ において C^1 級かつ任意の $(\bm{x}, \bm{y}) \in U$ において

$$\det \left(\frac{\partial f_i}{\partial y_j}(\bm{x}, \bm{y}) \right)_{mm} \neq 0$$

を満たすものとする．$(\bm{a}, \bm{b}) \in U$ において $\bm{f}(\bm{a}, \bm{b}) = \bm{0}$ であるなら，適当な $\epsilon > 0$ に対して，$D_\epsilon := \{\, \bm{x} \mid |\bm{x} - \bm{a}| < \epsilon \,\} \subset U$ とおくと D_ϵ 上で定義される C^1 級関数 $\bm{\phi}(\bm{x}) = (\phi_1(\bm{x}), \phi_2(\bm{x}), \ldots, \phi_m(\bm{x}))$ が存在し，

$$\bm{f}(\bm{x}, \bm{\phi}(\bm{x})) = \bm{0}, \quad \bm{\phi}(\bm{a}) = \bm{b}$$

となる．そして，

$$\left(\frac{\partial \phi_i}{\partial x_j}(\bm{x}) \right)_{mn} = - \left(\frac{\partial f_i}{\partial y_j}(\bm{x}, \bm{\phi}(\bm{x})) \right)_{mm}^{-1} \left(\frac{\partial f_i}{\partial x_j}(\bm{x}, \bm{\phi}(\bm{x})) \right)_{mn}$$

が成り立つ．もしも $\bm{f}$ が C^r 級ならば，$\bm{\phi}$ も C^r 級である．

3.8.2 拘束条件下での極値問題

陰関数定理の応用として，$U \in \mathbb{R}^2$ で定義された二つの 2 変数関数 $f(x,y)$, $g(x,y)$ が与えられたとき，$g(x,y) = 0$ の条件のもとで，$f(x,y)$ の極値を求める問題を考えてみよう (ただし U 上で $g_x = g_y = 0$ とはならないものとする). そのためには，$g(x,y) = 0$ から定まる陰関数を $y = \phi(x)$ とし，x を変化させたとき

$$F(x) := f(x, \phi(x))$$

のとる最大値と最小値を求めればよい．$F(x)$ が極値をとるための必要条件は $F'(x) = 0$ であるから

$$F'(x) = f_x(x, \phi(x)) + f_y(x, \phi(x))\phi'(x) = 0$$

陰関数定理から

$$\phi'(x) = -\frac{g_x(x, \phi(x))}{g_y(x, \phi(x))}$$

であるので，

$$f_x(x, \phi(x)) - f_y(x, \phi(x))\frac{g_x(x, \phi(x))}{g_y(x, \phi(x))} = 0$$

が成り立つ．

もしも極値を与える点で $g_y(x,y) = 0$ であるなら，陰関数 $x = \psi(y)$ をとることによって，

$$f_y(\psi(x), y) - f_x(\psi(y), y)\frac{g_y(\psi(y), y)}{g_x(\psi(y), y)} = 0$$

したがって，

$$f_x(x,y) : g_x(x,y) = f_y(x,y) : g_y(x,y)$$

が成り立つ．この比を λ とおくと，極値を与える点では次の連立方程式が成立することがわかる．

$$\begin{cases} f_x(x,y) - \lambda g_x(x,y) = 0 \\ f_y(x,y) - \lambda g_y(x,y) = 0 \\ g(x,y) = 0 \end{cases}$$

これは，3 変数関数 $F(x, y; \lambda) := f(x,y) - \lambda g(x,y)$ が極値をもつための必要条件：$F_x = F_y = F_\lambda = 0$ と同じである．

以上の考察を一般化し，陰関数定理 2 (定理 3.8) を用いると，次の定理が成り立つ．

102   3 偏 微 分

定理 3.9 (Lagrange (ラグランジュ) の未定乗数法) $x = (x_1, x_2, \ldots, x_n)$ とする. $m \in \mathbb{N}$, $f(\boldsymbol{x})$, $g_i(\boldsymbol{x})$ $(i = 1, \ldots, m)$ を C^1 級関数とするとき, $g_i(\boldsymbol{x}) = 0$ $(i = 1, \ldots, m)$ の条件のもとで, $f(\boldsymbol{x})$ が $\boldsymbol{x} = \boldsymbol{a}$ で極値をとるとする. このとき, $g(\boldsymbol{x})$ の偏導関数からなる $m \times n$ 行列

$$\left(\frac{\partial g_i}{\partial x_j} \right)_{mn}$$

の階数 (rank) が m であれば, $\boldsymbol{\lambda} = \{\lambda_1, \ldots, \lambda_m\}$ として,

$$F(\boldsymbol{x}, \boldsymbol{\lambda}) := f(\boldsymbol{x}) - \sum_{i=1}^{m} \lambda_i g_i(\boldsymbol{x}), \qquad dF(\boldsymbol{a}, \boldsymbol{\lambda}) = 0$$

となる定数の組 $\boldsymbol{\lambda}$ が存在する.

注意 3.12 定数 $\boldsymbol{\lambda}$ を Lagrange の未定乗数という. ◁

例 3.12 (1) $x + y + z = 11$, (2) $x + y + z = 14$, $x + 2y + 3z = 24$ の条件のもとで, $f(x, y, z) = x^2 + 2y^2 + 3z^2$ の値を最小にする (x, y, z) と $f(x, y, z)$ の値を Lagrange の未定乗数法を用いて求めてみよう.

(1) $F(x, y, z; \lambda) := x^2 + 2y^2 + 3z^2 - \lambda(x + y + z - 11)$ とすると

$$F_x = 2x - \lambda = 0$$
$$F_y = 4y - \lambda = 0$$
$$F_z = 6z - \lambda = 0$$

これより, 極値をとる点では

$$x = \frac{\lambda}{2}, \quad y = \frac{\lambda}{4}, \quad z = \frac{\lambda}{6}$$

となるので, $x + y + z = 11$ より $\lambda = 12$. したがって,

$$(x, y, z) = (6, 3, 2), \qquad f(6, 3, 2) = 66$$

$f(x, y, z) \geq 0$ より, $f(x, y, z)$ は下に有界である. また,

$$f(x, 0, 11 - x) = x^2 + 3(11 - x)^2 = 4x^2 - 66x + 363 \xrightarrow[x \to \infty]{} \infty$$

であるので，$x+y+z=11$ の条件のもとでも上には有界ではない．したがって，$(x,y,z) = (6,3,2)$ が最小値をとる点であり，最小値は $f(6,3,2) = 66$．

(2) $F(x,y,z;\lambda_1,\lambda_2) := x^2 + 2y^2 + 3z^2 - \lambda_1(x+y+z-14) - \lambda_2(x+2y+3z-24)$
とすると

$$F_x = 2x - \lambda_1 - \lambda_2 = 0$$
$$F_y = 4y - \lambda_1 - 2\lambda_2 = 0$$
$$F_z = 6z - \lambda_1 - 3\lambda_2 = 0$$

これより，

$$\frac{11}{12}\lambda_1 + \frac{3}{2}\lambda_2 = 14$$
$$\frac{3}{2}\lambda_1 + 3\lambda_2 = 24$$

したがって，$\lambda_1 = 12$，$\lambda_2 = 2$ であり，(1) と同様な考察によって最小値を与える点とその最小値は

$$(x,y,z) = (7,4,3), \qquad f(x,y,z) = 108$$

である． ◁

3.8.3 曲線と包絡線

3.3.2項では平面内の曲線を $I = [a,b]$ から $\mathbb{R}^2$ への連続写像として定義した．一方，たとえば，$x^2 + y^2 - 1 = 0$ によって定まる陰関数 $y = \pm\sqrt{1-x^2}$，$x = \pm\sqrt{1-y^2}$ が xy 平面のグラフとして円周を表すように，2変数関数 $f(x,y)$ についての陰関数定理も，そのグラフが滑らかな曲線となるような関数を与える．この二つの曲線の定義方法は等価であり，一般化できる[8]．3変数関数 $f(x,y,z)$ の与える陰関数は，$\mathbb{R}^3$ 内の**曲面**を定める．さらに一般に $\boldsymbol{x} \in \mathbb{R}^n$ として $f(\boldsymbol{x})$ の与える陰関数は，$\mathbb{R}^n$ 内に**超曲面**とよばれる滑らかな図形を定める．また，複数の滑らかな関数 $f_1(\boldsymbol{x}), f_2(\boldsymbol{x}), \cdots, f_m(\boldsymbol{x})$ の定める図形の交わり ($\mathbb{R}^n$ の中の共通零点の集合) も，滑らかな図形を定めることになる．このように曲線や曲面の概念を一般化したものを**多様体**とよぶ[*6]．とくに，いくつかの多項式の共通零点で与えられる多様体は重要であり，**代数多様体**とよばれる．

---
*6 詳細は工学教程『微分幾何学とトポロジー』参照．

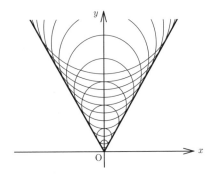

図 3.6　$x^2 + (y-2a)^2 = a^2$ の包絡線

例 3.13 a, b を定数として，

$$y^2 = x^3 + ax + b$$

で与えられる曲線を**楕円曲線**という[*7]．楕円曲線は，素因数分解アルゴリズムや暗号理論になどに用いられている[9]． ◁

次に，曲線の族(集合)とその**包絡線**について考察する．a をパラメータとして，$x^2 + (y-2a)^2 = a^2$ は，xy 平面内では円を表す．a が $\mathbb{R}$ 上を動くとき，円の族が得られるが，これらはすべて直線 $y = \pm\sqrt{3}x$ に接している．このように，曲線の族 $\{\ell_a\}$ が与えられているとき，この族に属さない曲線 E で，E の各点である ℓ_a に接しているとき，E を包絡線という．同様に，曲面の1パラメータ族が接する面を**包絡面**という．

定理 3.10 曲線の族が，パラメータ a を用いて $f(x, y; a) = 0$ で与えられているとき，その包絡線は連立方程式

$$f(x, y; a) = 0, \quad \frac{\partial f}{\partial a}(x, y; a) = 0$$

を満たす．ただし，f は (x, y, a) の関数として C^1 級であるものとする．

[*7] 楕円曲線は，楕円の弧の長さを積分表示するときに現れる関数 (楕円関数) の記述する曲線であり，楕円ではない．

(証明) 包絡線が $y = \phi(x)$ と表せるとする．a を一つ定めると，接点 $(x, \phi(x))$ が定まり，接点では接線の傾きが一致するから，陰関数定理より

$$f(x, \phi(x); a) = 0, \quad f_x(x, \phi(x); a) + f_y(x, \phi(x); a)\phi(x)' = 0$$

が成り立つ．接点での x の値を a の関数と思うと，上の式は a を変化させても成り立つ式になっている．したがって，接点を $x = x(a)$ とすると，第 1 式より

$$f_x(x, \phi(x); a)x'(a) + f_y(x, \phi(x); a)\phi'(x)x'(a) + f_a(x, \phi(x); a) = 0$$

よって，第 2 式より，$f_a(x, \phi(x); a) = 0$ を得る． ∎

注意 3.13 同様な考察により，C^1 級関数 $f(x, y, z; a) = 0$ で与えられる曲面の族の包絡面は，

$$f(x, y, z; a) = 0, \quad f_a(x, y, z; a) = 0$$

を満たすことがわかる． ◁

例 3.14 a をパラメータとする曲線の族 $y = (x-a)^2 + a^2$ の包絡線は

$$F(x, y; a) := y - (x-a)^2 - a^2$$

として，$F = 0$, $F_a = 2x - 4a = 0$ より $x = 2a$, $y = 2a^2$ とパラメータ表示される．ゆえに $y = (1/2)x^2$.

◁

3.9 距離と位相

連続性や微分可能性を議論するには $x \to x_0$ といったある値に近付ける極限の概念が重要であった．この節では，これまでに述べてきた極限や連続性を抽象的に扱う枠組みである距離や位相について要点だけを簡単に解説する[*8].

n 個の実数の組 $\boldsymbol{x} := (x_1, x_2, \ldots, x_n)$ の集合を $\mathbb{R}^n$ と表す．

定義 3.9 (距離) $\boldsymbol{x}, \boldsymbol{y} \in \mathbb{R}^n$ に対して，写像 $d(\cdot, \cdot) : \mathbb{R}^n \times \mathbb{R}^n \to \mathbb{R}$ を次のように

[*8] 詳細は文献 [10] などを参照すること．

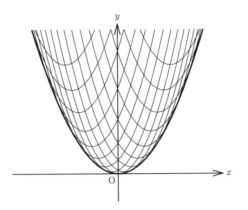

図 3.7　$y = (x-a)^2 + a^2$ の包絡線

定義する.

$$d(\boldsymbol{x}, \boldsymbol{y}) := \sqrt{(x_1 - y_1)^2 + (x_2 - y_2)^2 + \cdots + (x_n - y_n)^2}$$

$d(\boldsymbol{x}, \boldsymbol{y})$ を $\mathbb{R}^n$ における 2 点 $\boldsymbol{x}$ と $\boldsymbol{y}$ の**距離**とよぶ. $d(\boldsymbol{x}, \boldsymbol{y})$ は, しばしば $\|\boldsymbol{x} - \boldsymbol{y}\|$ とも書く.

容易にわかるように, $d(\cdot, \cdot)$ については次の性質が成り立つ.

命題 3.8　(1) $d(\boldsymbol{x}, \boldsymbol{y}) \geq 0$ であり等号が成り立つのは $\boldsymbol{x} = \boldsymbol{y}$ のみ.
(2) $d(\boldsymbol{x}, \boldsymbol{y}) = d(\boldsymbol{y}, \boldsymbol{x})$
(3) $d(\boldsymbol{x}, \boldsymbol{y}) \leq d(\boldsymbol{x}, \boldsymbol{z}) + d(\boldsymbol{z}, \boldsymbol{y})$　　（三角不等式）

一般に, 命題 3.8 を満たす距離 $d(\cdot, \cdot)$ の定義された集合を**距離空間**という. $\mathbb{R}^n$ において, たとえば,

$$d(\boldsymbol{x}, \boldsymbol{y}) = \sum_{i=1}^{n} |x_i - y_i| \quad \text{あるいは} \quad d(\boldsymbol{x}, \boldsymbol{y}) = \max_{1 \leq i \leq n} |x_i - y_i|$$

なども距離を定義する. 定義 3.9 の距離を **Euclid (ユークリッド) 距離**といい, Euclid 距離の定義された空間を **Euclid 空間**という. 以下, $\mathbb{R}^n$ では断らない限り距離は Euclid 距離を意味するものとする.

例 3.15 p を素数とする.有理数 $x \in \mathbb{Q}$ $(x \neq 0)$ は $x = (u/v)p^n$ と一意に表現できる.ただし,u, v, n は整数であり,v は正,u, v は p を素因数にもたない互いに素な整数とする.このとき,$\|x\|_p := p^{-n}$ と定義する.また,$x = 0$ では $\|0\|_p = 0$ と定義する.このとき $x, y \in \mathbb{Q}$ に対して,

$$d(x, y) := \|x - y\|_p$$

とすると,

(1) $d(x, y) \geq 0$ であり等号が成り立つのは $x = y$ のみ.
(2) $d(x, y) = d(y, x)$
(3) $d(x, y) \leq \max[d(x, z), d(z, y)]$ ($d(x, z) \neq d(z, y)$ なら等号が成立)

が成り立ち,$\max[d(x, z), d(z, y)] \leq d(x, z) + d(z, y)$ であるので,$\mathbb{Q}$ 上の距離を定める.この距離は,p **進距離**とよばれる. ◁

定義 3.10 (X, d) を距離空間,$x \in X$,$r > 0$ とする.X の部分集合 $B_r(x) := \{y \in X \mid d(y, x) < r\}$ を,中心 x,半径 r の**開球**という.

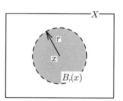

図 3.8 開球 $B_r(x)$

注意 3.14 $B_\epsilon(x)$ を,x の ϵ **近傍**ということもある.このとき ϵ は十分小さい場合を考えていることが多い. ◁

定義 3.11 (有界) 距離空間 (X, d) の部分集合 A が**有界**であるとは,$a \in A$ を固定したとき,ある正数 M が存在して,すべての $x \in A$ に対して $d(x, a) < M$ が成り立つことである.

注意 3.15 A が有界であれば,任意の $x, y \in A$ に対して,$d(x, y) \leq d(x, a) + d(a, y) < 2M$ である.したがって,A が有界であれば,A に含まれる任意の 2 点の距離は有限である.また,これは,有界であることが定義 3.11 における a の選び方に依存しないことも意味している(図 3.9 参照). ◁

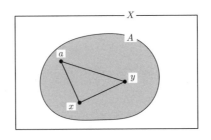

図 3.9 有界集合 A 内の 3 点 a, x, y

距離が与えられれば，実数列の収束と同様に，点列の収束が定義される．

定義 3.12 距離空間 (X, d) 内の点列 $\{x_n\} = (x_1, x_2, x_3, \ldots)$ が x に収束するとは

$$\lim_{n \to \infty} d(x_n, x) = 0$$

が成り立つことである．

注意 3.16 実数の場合と同様に $\lim_{n \to \infty} d(x_n, x) = 0$ は次を意味する．

$$\forall \epsilon > 0,\ \exists n_\epsilon \in \mathbb{N} \quad \text{s.t.} \quad n \geq n_\epsilon \implies d(x_n, x) < \epsilon$$

◁

また，Cauchy 列も同様に定義される．

定義 3.13 距離空間 (X, d) 内の点列 $\{x_n\} = (x_1, x_2, x_3, \ldots)$ が Cauchy 列とは，

$$\forall \epsilon > 0,\ \exists n_\epsilon \in \mathbb{N} \quad \text{s.t.} \quad n, m \geq n_\epsilon \implies d(x_n, x_m) < \epsilon$$

が成り立つことである．また，任意の Cauchy 列 $\{x_n\}$ が収束するとき，すなわち $\lim_{n \to \infty} x_n \in X$ となるとき，距離空間 (X, d) は**完備**であるという．

例 3.16 距離空間として，$\mathbb{R}$ は完備であるが $\mathbb{Q}$ は完備ではない． ◁

定義 3.14 (X, d) を距離空間とし，$M \subseteq X$ とする．$x \in X$ とし，任意の $\epsilon > 0$ に対して $B_\epsilon(x)$ が無限に多くの M の点を含むとき，x を M の**集積点**という．また，$x \in M$ でありかつ，ある $\epsilon > 0$ に対して，$B_\epsilon(x)$ が x のみを含むとき，x を M の**孤立点**という．

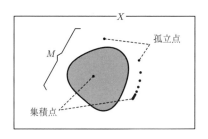

図 3.10　孤立点と集積点の概念図

集積点に関して，次の命題が成り立つ．

命題 3.9 x が M の集積点であるための必要十分条件は，すべての要素が互いに異なる点列 $\{x_n\} \subseteq M$ で x に収束するものが存在することである

次に，距離空間における関数の連続性を定義する．$X \subseteq \mathbb{R}^n$，あるいは一般に，距離空間 (X, d) とする．

定義 3.15 X 上の関数 $f: X \to \mathbb{R}$ が，点 $x_0 \in X$ で連続であるとは

$$\lim_{x \to x_0} f(x) = f(x_0)$$

すなわち，

$${}^\forall \epsilon > 0, {}^\exists \delta_\epsilon > 0 \quad \text{s.t.} \quad d(x, x_0) < \delta_\epsilon \implies |f(x) - f(x_0)| < \epsilon$$

が成り立つことである．

以上の概念を用いれば，$\mathbb{R}^n$ 上の関数を一般化し，距離空間上の関数として取り扱うことができる．しかしながら，工学の多くの場面で，より一般的な写像を扱うことがあり，その際，「近さ」の概念をもう少し抽象化すると統一的な理解が可能になる．以下で，ごく簡単に近さを抽象した概念である**位相**について解説する．

まず，Euclid 空間 $\mathbb{R}^n$ における**開集合**を次のように定義する．

定義 3.16 $U \subseteq \mathbb{R}^n$ が空集合であるか，または，任意の点 $\boldsymbol{x} \in U$ に対し，$B_\epsilon(\boldsymbol{x}) \subset U$ を満たす ϵ が存在するとき，U を $\mathbb{R}^n$ の**開集合**という．

この Euclid 空間における開集合を一般化してみよう．

定義 3.17 集合 X の部分集合の族 $\mathcal{O} = \{O_\lambda\}$ が次の性質を満たすとき，$\mathcal{O}$ を X の**開集合系**であるといい，$\mathcal{O}$ の元を**開集合**とよぶ．

(1) $\emptyset, X \in \mathcal{O}$
(2) $O_1, O_2, \cdots, O_n \in \mathcal{O} \Longrightarrow \bigcap_{i=1}^{n} O_i \in \mathcal{O}$
(3) 任意の集合 Λ に対して，各元 $\lambda \in \Lambda$ から $\mathcal{O}$ の元 O_λ への対応を与えたとき
$$\bigcup_{\lambda \in \Lambda} O_\lambda \in \mathcal{O}$$

集合 X に開集合系 $\mathcal{O}$ が定義されているとき，X には $\mathcal{O}$ による**位相**が入るという．位相の入った集合を**位相空間**とよぶ．

$\mathbb{R}^n$，さらに一般に距離空間 (X, d) では，定義 3.16 の開集合全体が開集合系をなしている．つまり，距離空間は距離によって生じる位相の入った位相空間である．

開集合が定義されたので，その補集合である閉集合などについて定義を与えておく．$\mathcal{O}$ によって位相の入った位相空間 X を $(X, \mathcal{O})$ と表すことにする．

定義 3.18 $(X, \mathcal{O})$ を位相空間とし，A をその部分集合 $(A \subseteq X)$ とする．

(1) A が X の**閉集合**であるとは，$X \setminus A$ が X の開集合となることである[*9]．
(2) A の**内部**とは，A に含まれる開集合すべての和集合のことである．A の内部を A° と表し，A° に含まれる点を A の**内点**という．
(3) A の**閉包**とは，A を含むすべての閉集合の共通集合であり，$\overline{A}$ と表す．
(4) A の**境界**とは，$\partial A := \overline{A} \setminus A^\circ$ である．

注意 3.17 $\mathcal{C}$ を X の閉集合全体とする．このとき，

(1) $\emptyset, X \in \mathcal{C}$
(2) $C_1, C_2, \cdots, C_n \in \mathcal{C} \Longrightarrow \bigcup_{i=1}^{n} C_i \in \mathcal{C}$

[*9] $X \setminus Y$ は $X - Y$ とも表され，$\{x | x \in X \text{ かつ } x \notin Y\}$ と定義される集合を意味する．

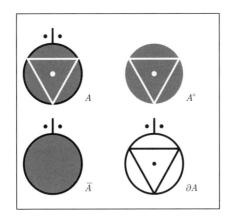

図 **3.11** 領域 A に対する，内部 A°，閉包 $\overline{A}$，境界 ∂A

(3) 任意の集合 Λ に対して，各元 $\lambda \in \Lambda$ から $\mathcal{C}$ の元 C_λ への対応を与えたとき
$$\bigcap_{\lambda \in \Lambda} C_\lambda \in \mathcal{C}$$
が成り立つ．和集合と共通集合に対する条件が開集合とは逆になっていることに注意する． ◁

定義 3.19 位相空間 $(X, \mathcal{O})$ の部分集合 $A \subset X$ に対して，A の部分集合の族 $\mathcal{O}_A$ を
$$\mathcal{O}_A := \{O_\lambda \cap A \,|\, O_\lambda \in \mathcal{O}\}$$
と定義すると，$\mathcal{O}_A$ は A の開集合系になる．この $\mathcal{O}_A$ を A の**相対位相**という．

以下，位相空間の部分集合には相対位相が入るものとする．

例 3.17

(1) $\overline{B_r(\boldsymbol{x})} = \{\boldsymbol{y} \in \mathbb{R}^n \,\big|\, |\boldsymbol{x} - \boldsymbol{y}| \leq r\}$ である．これは $\mathbb{R}^n$ の閉集合になる．
(2) $\mathbb{R}^n$ の 1 点からなる集合 $\{\boldsymbol{x}\}$ は閉集合である．
(3) $O_k := B_{1-\frac{1}{k+1}}(\boldsymbol{x})$ $(k = 1, 2, 3, \ldots)$ とすると，O_k は $\mathbb{R}^n$ の開集合であり，$\bigcup_{k=1}^{\infty} O_k = B_1(\boldsymbol{x})$ が成り立つ．

(4) $O_k := B_{1+\frac{1}{k}}(\boldsymbol{x})$ とすると，$\bigcap_{k=1}^{\infty} O_k = \overline{B_1(\boldsymbol{x})}$ が成り立つ．このように無限にたくさんの開集合の共通集合は，開集合になるとは限らない．

(5) $C_k = \overline{B_{1-\frac{1}{k+1}}(\boldsymbol{x})}$ とすると，C_k は $\mathbb{R}^n$ の閉集合であり，$\bigcup_{k=1}^{\infty} C_k = B_1(\boldsymbol{x})$ が成り立つ．このように無限にたくさんの閉集合の和集合は，閉集合になるとは限らない．

(6) $A = B_r(\boldsymbol{x})$ に対して，$A^\circ = A$，$\partial A = \{\boldsymbol{y} \in \mathbb{R}^n \mid |\boldsymbol{y} - \boldsymbol{x}| = r\}$，$\partial A = \partial \overline{A}$ である．

◁

位相空間における収束の定義についても述べておこう．まず，位相空間における**近傍**を定義する．

定義 3.20 $(X, \mathcal{O})$ を位相空間とする．$a \in X$ を含む開集合を a の**開近傍**という．a の開近傍を含む X の部分集合を a の**近傍**という．

例 3.18 $\mathbb{R}^n$ において，$B_\epsilon(\boldsymbol{x})$ は $\boldsymbol{x} \in \mathbb{R}^n$ の一つの開近傍である． ◁

定義 3.21 位相空間 $(X, \mathcal{O})$ において，点列 $\{x_n\}_{n=1}^{\infty}$ $(x_n \in X)$ が x に収束するとは，x の任意の近傍 U に対して，$n_U \in \mathbb{N}$ が存在し，$n \geq n_U$ であれば必ず $x_n \in U$ となることである．

次に，距離空間や位相空間に付随する重要な性質であるコンパクト性について説明する．最初に距離空間について考える．

定義 3.22 距離空間 (X, d) の部分集合 A が**点列コンパクト**であるとは，A に含まれる任意の点列が A 内の点に収束する部分列をもつことである．

位相空間においても同様に点列コンパクトを定義することができる．さらに位相空間の重要な概念である**コンパクト**も定義される．

定義 3.23 位相空間 $(X, \mathcal{O})$ の部分集合 A が点列コンパクトであるとは，A に含まれる任意の点列が A 内の点に収束する部分列をもつことである．

3.9 距離と位相

定義 3.24 (コンパクト) 位相空間 $(X, \mathcal{O})$ の部分空間 A がコンパクトであるとは，$A \subseteq \bigcup_\lambda O_\lambda$ を満たす任意の開集合の族 $\{O_\lambda\}$ に対して[*10]，$\{O_\lambda\}$ から有限個の開集合 $O_1, O_2, \cdots, O_N$ を選んで $A \subseteq \bigcup_{i=1}^{N} O_i$ とできることである．

以下，距離空間のコンパクト性に関するいくつかの定理を証明を与えずに列挙する．

命題 3.10 距離空間 (X, d) の部分集合 A が閉集合であれば，A は完備である．A が完備であり，かつ X も完備であれば A は閉集合である．

命題 3.11 距離空間 (X, d) において $A \subseteq X$ が点列コンパクトであれば，A は有界閉集合である．

定理 3.11 Euclid 空間 $\mathbb{R}^n$ の部分空間 A が点列コンパクトであるための必要十分条件は，A が有界閉集合であることである．

定義 3.25 距離空間 (X, d) において，$A \subseteq X$ が**全有界**であるとは，任意の $\epsilon > 0$ に対して，有限部分集合[*11] $F \subseteq A$ が存在して，$A \subseteq \bigcup_{a \in F} B_\epsilon(a)$ となることである．

命題 3.12 距離空間 (X, d) において，$A \subseteq X$ が点列コンパクトであれば，全有界である．

定理 3.12 距離空間 (X, d) において，$A \subseteq X$ が点列コンパクトであることと，A が全有界かつ完備であることとは同値である．

例 3.19 無限個の実数列のなす空間 ℓ^2:

$$\ell^2 := \left\{ \boldsymbol{x} \equiv (x_1, x_2, \ldots) \,\middle|\, \sum_{k=1}^{\infty} x_k^2 < \infty \right\}$$

[*10] このような開集合の族 $\{O_\lambda\}$ を A の**開被覆**という．
[*11] 要素の数が有限な部分集合．

において,距離 $d(\boldsymbol{x}, \boldsymbol{y}) := \sqrt{\sum_{k=1}^{\infty}(x_k - y_k)^2}$ を定義すると,ℓ^2 は距離空間になる.$A \subset \ell^2$ を

$$\boldsymbol{x} \in A \iff \sum_{k=1}^{\infty} x_k^2 = 1$$

と定義すると,A は有界閉集合である.しかしながら,$\boldsymbol{x}_n$ を第 n 成分が 1 でそれ以外が 0 である数列とすると,$\boldsymbol{x}_n \in A$ であるが,点列 $\{\boldsymbol{x}_n\}_{n=1}^{\infty}$ は収束する部分列をもたない.したがって,A は有界閉集合であるが点列コンパクトではない. ◁

定理 3.13 (Heine-Borel (ハイネ-ボレル) の定理) 距離空間 (X, d) を,距離 d によって位相 $\mathcal{O}$ を入れた位相空間 $(X, \mathcal{O})$ と同一視する.このとき,$A \subseteq X$ が点列コンパクトであることとコンパクトであることとは同値である.

注意 3.18 一般の位相空間においては,点列コンパクトであってもコンパクトであるとは限らない. ◁

最後に位相空間から位相空間への写像の連続性を定義する.

定義 3.26 X, Y を位相空間とする.写像 $f: X \to Y$ が**連続写像**であるとは,任意の開集合 $U \subseteq Y$ に対して $f^{-1}(U) \subseteq X$ が開集合となることである.また,$a \in X$ とし,$f(a)$ を含む任意の開集合 $U \subset Y$ に対して $V \subseteq f^{-1}(U)$ となる a の開近傍 V が存在するとき,f は a で連続であるという.

$f: X \to Y$ が連続な全単射であり,かつ f^{-1} が連続であるとき,f を**同相写像**という.同相写像が存在するとき,X と Y は**同相**であるという.

注意 3.19 $X = Y = \mathbb{R}$ として,$f: X \to Y$ が定義 3.26 の意味で連続であるとする.$a \in X$ とし,任意の $\epsilon > 0$ に対して,開集合 $U := (f(a) - \epsilon, f(a) + \epsilon) \subset Y$ を考えると,定義により $f^{-1}(U) \subseteq X$ は a の開近傍を含むから,ある $\delta_\epsilon > 0$ が存在して,$(a - \delta_\epsilon, a + \delta_\epsilon) \subset f^{-1}(U)$ となる.したがって,

$$\forall \epsilon >, \ \exists \delta_\epsilon > 0 \ \text{ s.t. } \ |x - a| < \delta_\epsilon \Longrightarrow |f(x) - f(a)| < \epsilon$$

となり,$\mathbb{R}$ 上での連続性の定義 1.22 が導かれる. ◁

この位相空間の写像における連続性の定義が，距離空間の写像の連続性と等価であることは次の命題によって保証される．

命題 3.13 X, Y を距離空間とする．$f: X \to Y$ とするとき，次の三つの条件は互いに同値である．

(1) f は X の各点で連続である．
(2) $U \subset Y$ を開集合とするとき，$f^{-1}(U)$ も開集合である．
(3) $U \subset Y$ を閉集合とするとき，$f^{-1}(U)$ も閉集合である．

また，位相空間のコンパクト集合上の関数については次の定理が成り立つ．

定理 3.14 X, Y を位相空間とし，$A \subset X$ をコンパクト集合とする．写像 $f: A \to Y$ が連続であるとき，以下が成り立つ．

(1) 像 $f(A) \subset Y$ はコンパクトである．
(2) とくに，$Y = \mathbb{R}$ であるとき，f は最大値と最小値をもつ．

例 3.20 $x \in (-1, 1)$ に対して $f(x) := x/(1-|x|)$ とすると，f は $(-1, 1)$ から $\mathbb{R}$ への同相写像である．したがって，開区間 $(-1, 1)$ と $\mathbb{R}$ は同相である． ◁

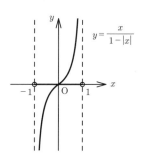

図 **3.12** 例 3.20 の関数 $f(x)$

例 3.21 $X := [0, 1) \cup [2, 3]$，$Y := [0, 2]$ にはともに $\mathbb{R}$ からの相対位相が入った位相空間とする．写像 $f: X \to Y$:

$$f(x) = \begin{cases} x & (0 \leq x < 1) \\ x - 1 & (2 \leq x \leq 3) \end{cases}$$

とすると，(X の定義域に注意して) f は連続な全単射写像であるが，f^{-1} は連続ではない．

たとえば，図 3.13 に示すように，Y の開集合である区間 $U := (3/4, 5/4)$ に対して，
$$f^{-1}(U) = \left(\frac{3}{4}, 1\right) \cup \left[2, \frac{9}{4}\right)$$
は $\mathbb{R}$ からの相対位相により X の開集合である．したがって，定義 3.26 から f が連続写像であることがわかる．

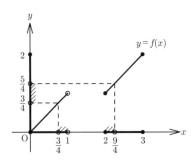

図 **3.13** 例 3.21 の関数 $f(x)$

◁

4 Riemann 積分

4.1 1変数関数の定積分 (Riemann 積分)

高校で学んだ数学においては，区間 $[a, b]$ で定義されている関数 $f(x)$ の**原始関数**を $F(x)$ とすると，すなわち $F'(x) = f(x)$ が成り立つとすると，$f(x)$ の区間 $[a, b]$ における**定積分** $\int_a^b f(x) \, dx$ は

$$\int_a^b f(x) \, dx := F(b) - F(a)$$

と定義された．

一方，この左辺の意味は，x 軸，$x = a$, $x = b$, および曲線 $y = f(x)$ によって囲まれた部分の符号付きの面積 (を足し合わせたもの) と習っている．ここでは，「面積の足し合わせ」を厳密に定義することにより，求積法にもとづく定積分の定義を行う．この定義にもとづく定積分を **Riemann** (リーマン) **積分**という．

4.1.1 閉区間の分割と Riemann 和

最初に，Riemann 積分を定義するために必要な概念や記号を列挙する．

(1) $I := [a, b]$ … 定積分を行う区間
(2) Δ: 区間 I の**分割**．Δ は総分割数 n と，分割する点 $(x_1, x_2, \ldots, x_{n-1})$ によって定義されるが，次のように表示することにする．

$$\Delta := \{a = x_0 < x_1 < \cdots < x_n = b\}$$

(3) $|\Delta| := \max_{1 \leq i \leq n} (x_i - x_{i-1})$
(4) $\Xi := \{\xi_1, \xi_2, \ldots, \xi_n\}$　$\xi_i \in [x_{i-1}, x_i]$ … 各分割区間の代表点の集合
(5) **Riemann 和**: $\Sigma_{\Delta, \Xi}(f) := \sum_{i=1}^n f(\xi_i)(x_i - x_{i-1})$

図 4.1 に分割 Δ，代表点 $\{\xi_i\}$，Riemann 和 $\Sigma_{\Delta, \Xi}(f)$ の例を示す．斜線部の符号付きの面積の総和が $\Sigma_{\Delta, \Xi}(f)$ に等しい．Riemann 積分は Riemann 和の極限として次のように定義される．

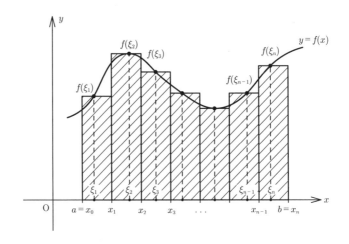

図 4.1　Riemann 和

定義 4.1 (Riemann 積分) 極限 $\lim_{|\Delta|\to 0} \Sigma_{\Delta,\Xi}(f)$ が Δ, Ξ の選び方に依らず一意に定まるとき, f は区間 I で **Riemann 積分可能**であるといい,

$$\lim_{|\Delta|\to 0} \Sigma_{\Delta,\Xi}(f) = \int_a^b f(x)\mathrm{d}x$$

と書いて, $\int_a^b f(x)\mathrm{d}x$ を $f(x)$ の区間 I における Riemann 積分とよぶ.

次項では, Riemann 積分可能であるための必要十分条件 (定理 4.1, 系 4.1) を求める. そのためには, 極限 $\lim_{|\Delta|\to 0}$ を厳密に定義する必要がある. その定義が次項の定義 4.7 である (定義 4.7 は定義 4.1 を極限の意味を明確にして言い換えたものである). また, 4.2 節では, 定義 4.7 が, より直感的な極限の定義と等価であることを示す (系 4.3).

4.1.2　Riemann 積分可能条件

以下, 閉区間 $[a,b]$ は有界閉区間とする. 一般の区間に対する Riemann 積分は 4.3 節で考察する.

定義 4.2 区間 $[a,b]$ における $f(x)$ の上限を $\sup_{a \leq x \leq b} f(x)$, 下限を $\inf_{a \leq x \leq b} f(x)$

と書く．

注意 4.1 ある領域 (この場合は区間) D における $f(x)$ の上限を μ とするとき，次の 2 点が成り立つ[*1]．
(i) $\forall x \in D, \ f(x) \leq \mu$
(ii)[*2] $\forall \epsilon > 0, \ \exists x \in D$ s.t. $\mu - \epsilon < f(x)$

上限と同様，ある領域 D における $f(x)$ の下限を ν とするとき，次の 2 点が成り立つ．
(i) $\forall x \in D, \ \nu \leq f(x)$
(ii) $\forall \epsilon > 0, \ \exists x \in D$ s.t. $f(x) < \nu + \epsilon$ ◁

定義 4.3 ($\overline{\Sigma}_\Delta(f), \underline{\Sigma}_\Delta(f)$) $\Delta = \{a = x_0 < x_1 < \cdots < x_n = b\}$ を $I = [a, b]$ における分割とする．また，$\delta x_i := x_i - x_{i-1}$ とする．このとき

$$\overline{\Sigma}_\Delta(f) := \sum_{i=1}^{n} \left(\sup_{x_{i-1} \leq x \leq x_i} f(x) \right) \delta x_i$$

$$\underline{\Sigma}_\Delta(f) := \sum_{i=1}^{n} \left(\inf_{x_{i-1} \leq x \leq x_i} f(x) \right) \delta x_i$$

$\overline{\Sigma}_\Delta(f)$ と $\underline{\Sigma}_\Delta(f)$ は，図形的には，図 4.2 に示される矩形領域の (符号付きの) 面積の総和を意味する．

注意 4.2 $\overline{\Sigma}_\Delta(f), \underline{\Sigma}_\Delta(f)$ が意味をもつためには，f は有界でなければならない．より一般的な積分については，4.3 節で説明する． ◁

定義 4.4 (細分) Δ' が Δ の細分であるとは，Δ' が Δ に新たな分割点を付け加えてできる分割であることである．このとき，

$$\Delta \prec \Delta' \quad \text{または} \quad \Delta' \succ \Delta$$

と書く．

[*1] 定義 1.20 を参照のこと．
[*2] 以下では，1.1 節の最初に述べた記法を頻繁に用いる．この条件は「任意の正の数 ϵ に対して，ある D の要素 x が存在し，$\mu - \epsilon < f(x)$ が成り立つ」ことを意味する．

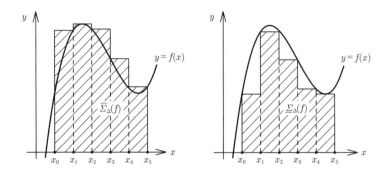

図 4.2　$\overline{\Sigma}_\Delta(f)$ と $\underline{\Sigma}_\Delta(f)$

例 4.1 区間 $[0,1]$ の分割,

$$\Delta = \left\{ 0 < \frac{1}{4} < \frac{1}{2} < \frac{3}{4} < 1 \right\},$$

$$\Delta' = \left\{ 0 < \frac{1}{8} < \frac{1}{4} < \frac{1}{2} < \frac{2}{3} < \frac{3}{4} < \frac{7}{8} < 1 \right\},$$

$$\Delta'' = \left\{ 0 < \frac{1}{6} < \frac{1}{3} < \frac{1}{2} < \frac{2}{3} < \frac{4}{5} < \frac{7}{8} < 1 \right\}$$

において, $\Delta \prec \Delta'$ であるが, $\Delta \not\prec \Delta''$ である.

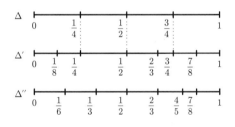

図 4.3　例 4.1 の分割

◁

定義 4.5 (分割を細分した極限) Δ を分割とするとき, 分割 Δ に依存する量 Σ_Δ に対して

$$\lim_{|\Delta| \to 0} \Sigma_\Delta = A$$

であるとは,
$$\forall \epsilon > 0, \ \exists \Delta_\epsilon \ \ \text{s.t.} \ \ \Delta \succ \Delta_\epsilon \implies |\Sigma_\Delta - A| < \epsilon$$
となることである.

また, Δ を分割, Ξ をその分割に対する代表点の集合とする. このとき, 両者に依存する量 $\Sigma_{\Delta, \Xi}$ に対して
$$\lim_{|\Delta| \to 0} \Sigma_{\Delta, \Xi} = A$$
であるとは,
$$\forall \epsilon > 0, \ \exists \Delta_\epsilon \ \ \text{s.t.} \ \ \Delta \succ \Delta_\epsilon \implies \forall \Xi, \ \ |\Sigma_{\Delta, \Xi} - A| < \epsilon$$
となることである.

定義 4.6 ($\overline{S}(f), \ \underline{S}(f), \ S(f)$)
$$\overline{S}(f) := \lim_{|\Delta| \to 0} \overline{\Sigma}_\Delta(f)$$
$$\underline{S}(f) := \lim_{|\Delta| \to 0} \underline{\Sigma}_\Delta(f)$$
$$S(f) := \lim_{|\Delta| \to 0} \Sigma_{\Delta, \Xi}(f)$$

以上の定義のもとで, Riemann 積分可能であることに, 次のように極限の意味を明確にした定義を与えることができる.

定義 4.7 (Riemann 積分 2) f が区間 I で Riemann 積分可能であるとは, 定義 4.6 の $S(f)$ が存在することである. すなわち, 次の性質が成り立つことである.
$$\exists S(f), \ \forall \epsilon > 0, \ \exists \Delta_\epsilon \ \ \text{s.t.} \ \ \Delta \succ \Delta_\epsilon \implies \forall \Xi, \ \ |\Sigma_{\Delta, \Xi}(f) - S(f)| < \epsilon$$

注意 4.3 定義 4.7 より,
$$\int_a^b f(x) \mathrm{d}x = S(f) = \lim_{|\Delta| \to 0} \Sigma_{\Delta, \Xi}(f)$$
である. ◁

例題 4.1 (1) $I := [0, 1], f(x) = x^2, \Delta = \{0 < 1/n < 2/n < \cdots < (n-1)/n < 1\}$, $\Xi = \{\xi_k\}_{k=1}^n, \xi_k := (2k-1)/2n$ とするとき, $\Sigma_{\Delta, \Xi}, \overline{\Sigma}_\Delta(f), \underline{\Sigma}_\Delta(f)$ を求めよ.

(2) (1) と同じ I, Δ に対して,
$$f(x) = \begin{cases} 1 & (x \in \mathbb{Q}) \\ 0 & (x \notin \mathbb{Q}) \end{cases}$$
とするとき, $\overline{\Sigma}_\Delta(f)$, $\underline{\Sigma}_\Delta(f)$ を求めよ.

(3) $\Delta \prec \Delta'$ であるならば,
$$\overline{\Sigma}_\Delta(f) \geq \overline{\Sigma}_{\Delta'}(f), \quad \underline{\Sigma}_\Delta(f) \leq \underline{\Sigma}_{\Delta'}(f)$$
を示せ. ◁

(解) (1) $\sup_{\frac{i-1}{n} \leq x \leq \frac{i}{n}} f(x) = (i/n)^2$, $\inf_{\frac{i-1}{n} \leq x \leq \frac{i}{n}} f(x) = ((i-1)/n)^2$, $\delta x_i = i/n - (i-1)/n = 1/n$ であるので,

$$\overline{\Sigma}_\Delta(f) = \sum_{i=1}^n \left(\frac{i}{n}\right)^2 \frac{1}{n} = \frac{n(n+1)(2n+1)}{6n^3}$$

$$\underline{\Sigma}_\Delta(f) = \sum_{i=1}^n \left(\frac{i-1}{n}\right)^2 \frac{1}{n} = \frac{n(n-1)(2n-1)}{6n^3}$$

$$\Sigma_{\Delta,\Xi}(f) = \sum_{i=1}^n \left(\frac{2i-1}{2n}\right)^2 \frac{1}{n} = \frac{4n^2-1}{12n^2}$$

(2) $\sup_{\frac{i-1}{n} \leq x \leq \frac{i}{n}} f(x) = 1$, $\inf_{\frac{i-1}{n} \leq x \leq \frac{i}{n}} f(x) = 0$ であるので,

$$\overline{\Sigma}_\Delta(f) = \sum_{i=1}^n 1 \cdot \frac{1}{n} = 1$$

$$\underline{\Sigma}_\Delta(f) = \sum_{i=1}^n 0 \cdot \frac{1}{n} = 0$$

(3) $\Delta \prec \Delta'$ であるなら, Δ の任意の分割区間 $[x_{i-1}, x_i]$ に対して Δ' の分割区間で

$$[x_{i-1}, x_i] = [x_{i-1} = x'_j, x'_{j+1}] \cup [x'_{j+1}, x'_{j+2}] \cup \cdots \cup [x'_{j+k-1}, x'_{j+k} = x_i]$$

となるものが存在する. すると

$$\sup_{x \in [x'_{j+s}, x'_{j+s+1}]} f(x) \leq \sup_{x \in [x_{i-1}, x_i]} f(x) \quad (s = 0, 1, \ldots, k-1)$$

であるので，最初の不等式が成り立つ．次の式も同様．

注意 4.4 例題 4.1 (3) から，分割の細分に関して $\overline{\Sigma}_\Delta(f)$ は単調減少し下に有界，$\underline{\Sigma}_\Delta(f)$ は単調増加し上に有界であることがわかる．このことから，数列の場合と同様に実数の連続性の公理 (命題 1.4(C2), (C2′)) によって，おのおのは必ず収束し，その収束先が $\overline{S}(f), \underline{S}(f)$ になる． ◁

注意 4.5 これまで，極限 $\lim\limits_{|\Delta|\to 0}$ は，細分を行った極限として定義してきた (定義 4.5)．この定義の長所は，実際の極限計算が実行しやすく，証明を行う際に便利なことがあげられる．また，自明ではないが，極限値の一意性も保証される． ◁

例題 4.2 一意性を証明せよ．すなわち $\lim\limits_{|\Delta|\to 0} \Sigma_\Delta = A_1$, $\lim\limits_{|\Delta|\to 0} \Sigma_\Delta = A_2$ とすると，$A_1 = A_2$ であることを示せ． ◁

(解) 任意の $\epsilon > 0$ に対して，$\Delta \succ \Delta_\epsilon^{(1)}$ ならば，$|\Sigma_\Delta - A_1| < \epsilon/2$, $\Delta \succ \Delta_\epsilon^{(2)}$ ならば，$|\Sigma_\Delta - A_2| < \epsilon/2$ となる $\Delta_\epsilon^{(1)}, \Delta_\epsilon^{(2)}$ が存在する．したがって，Δ_ϵ を $\Delta_\epsilon^{(1)}, \Delta_\epsilon^{(2)}$ の分割点をすべて含む細分とすれば，$\Delta \succ \Delta_\epsilon$ ならば，

$$|A_1 - A_2| = |(A_1 - \Sigma_\Delta) - (A_2 - \Sigma_\Delta)| \leq |A_1 - \Sigma_\Delta| + |A_2 - \Sigma_\Delta| < \frac{\epsilon}{2} + \frac{\epsilon}{2} = \epsilon$$

したがって，$A_1 = A_2$ である．

注意 4.6 次の不等式が成り立つ．
(1) 分割 Δ を固定すると任意の Ξ に対して $\underline{\Sigma}_\Delta(f) \leq \Sigma_{\Delta,\Xi}(f) \leq \overline{\Sigma}_\Delta(f)$.
(2) 任意の Δ に対して $\underline{\Sigma}_\Delta(f) \leq \underline{S}(f)$, $\overline{S}(f) \leq \overline{\Sigma}_\Delta(f)$. ◁

定理 4.1 関数 f が区間 I 上で Riemann 積分可能であるための必要十分条件は

$$\underline{S}(f) = \overline{S}(f)$$

が成り立つことである．また，このとき，

$$\int_a^b f(x)\mathrm{d}x = \underline{S}(f) = \overline{S}(f)$$

が成り立つ．

(証明) $\underline{S}(f) = \overline{S}(f) = S(f)$ とすると，$\overline{S}(f)$ の定義によって

$$\forall \epsilon > 0, \ \exists \Delta_\epsilon^{(1)} \quad \text{s.t.} \quad \Delta \succ \Delta_\epsilon^{(1)} \implies \left|\overline{\Sigma}_\Delta(f) - \overline{S}(f)\right| < \epsilon$$

$\overline{S}(f) \leq \overline{\Sigma}_\Delta(f)$, $\overline{S}(f) = S(f)$ であるから

$$0 \leq \overline{\Sigma}_\Delta(f) - S(f) < \epsilon$$

同様にして,

$$\forall \epsilon > 0, \ \exists \Delta_\epsilon^{(2)} \quad \text{s.t.} \quad \Delta \succ \Delta_\epsilon^{(2)} \implies -\epsilon < \underline{\Sigma}_\Delta(f) - S(f) \leq 0$$

また, $\overline{\Sigma}_\Delta(f), \underline{\Sigma}_\Delta(f)$ の定義より, 任意の Ξ に対して

$$\underline{\Sigma}_\Delta(f) \leq \Sigma_{\Delta,\Xi}(f) \leq \overline{\Sigma}_\Delta(f)$$

が成り立つ.

したがって, $\Delta_\epsilon \succ \Delta_\epsilon^{(1)}, \Delta_\epsilon^{(2)}$ となる Δ_ϵ を一つ選ぶと,

$$\Delta \succ \Delta_\epsilon \implies {}^\forall\Xi, \ -\epsilon < \underline{\Sigma}_\Delta(f) - S(f) \leq \Sigma_{\Delta,\Xi}(f) - S(f) \leq \overline{\Sigma}_\Delta(f) - S(f) < \epsilon$$
$$\implies {}^\forall\Xi, \ \left|\Sigma_{\Delta,\Xi}(f) - S(f)\right| < \epsilon$$

すなわち,

$$\lim_{|\Delta|\to 0} \Sigma_{\Delta,\Xi}(f) = S(f)$$

よって $\underline{S}(f) = \overline{S}(f)$ ならば Riemann 積分可能であり, その値は $S(f)$.

逆に, 上限の性質により, 任意の $\epsilon > 0$ に対して, $\Sigma_{\Delta,\Xi} \leq \overline{\Sigma}_\Delta < \Sigma_{\Delta,\Xi} + \frac{\epsilon}{2}$ となる Ξ が存在するから, Riemann 積分可能であるなら

$$\forall \epsilon, \ \exists \Delta_\epsilon \quad \text{s.t.} \quad \Delta \succ \Delta_\epsilon \implies {}^\forall\Xi, \ \left|\Sigma_{\Delta,\Xi}(f) - S(f)\right| < \frac{\epsilon}{2} \implies \left|\overline{\Sigma}_\Delta(f) - S(f)\right| < \epsilon$$

同様に, $\left|\underline{\Sigma}_\Delta(f) - S(f)\right| < \epsilon$ であるので, $\underline{S}(f) = \overline{S}(f) = S(f)$. よって定理は証明された. ∎

この定理から以下の系が従う. 最初に大事な量 $V_\Delta(f)$ を次のように定義する:

定義 4.8 ($V_\Delta(f)$)

$$V_\Delta(f) := \overline{\Sigma}_\Delta(f) - \underline{\Sigma}_\Delta(f)$$

具体的に表すと

$$V_\Delta(f) = \sum_{i=1}^n \left\{ \sup_{x_{i-1} \leq x \leq x_i} f(x) - \inf_{x_{i-1} \leq x \leq x_i} f(x) \right\} \delta x_i$$

注意 4.7 定義より，$V_\Delta(f) \geq 0$ である．また，$\Delta \prec \Delta'$ ならば $V_\Delta(f) \geq V_{\Delta'}(f)$ である．したがって，$V_\Delta(f)$ は下に有界であり，分割の細分に対して単調減少するから，$|\Delta| \to 0$ の極限で収束する．すなわち $\lim_{|\Delta| \to 0} V_\Delta(f)$ が必ず存在する． ◁

図 4.2 に対応する $V_\Delta(f)$ を図 4.4 に示す．斜線部の面積が $V_\Delta(f)$ である．

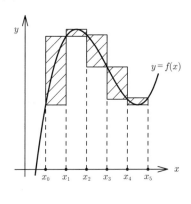

図 **4.4** $V_\Delta(f)$

系 4.1 f が I 上で Riemann 積分可能であるための必要十分条件は

$$\lim_{|\Delta| \to 0} V_\Delta(f) = 0$$

である．

(証明) 注意 4.4 に述べたように，$\underline{\Sigma}_\Delta(f), \overline{\Sigma}_\Delta(f)$ はともに分割の細分に対して収束する．したがって，

$$\lim_{|\Delta| \to 0} V_\Delta(f) = 0 \iff \lim_{|\Delta| \to 0} \left[\overline{\Sigma}_\Delta(f) - \underline{\Sigma}_\Delta(f) \right] = 0$$

$$\iff \lim_{|\Delta| \to 0} \overline{\Sigma}_\Delta(f) - \lim_{|\Delta| \to 0} \underline{\Sigma}_\Delta(f) = 0 \quad (\text{注意 4.4 より})$$

$$\iff \lim_{|\Delta| \to 0} \overline{\Sigma}_\Delta(f) = \lim_{|\Delta| \to 0} \underline{\Sigma}_\Delta(f)$$

$$\iff \overline{S} = \underline{S}$$

よって，定理 4.1 によってこの系が成り立つ． ∎

4.2 Darbouxの定理による定式化

これまでは，Riemann 積分は分割を細分化する極限操作によって定義してきた．しかし，$\lim_{|\Delta|\to 0} \Sigma_\Delta = A$ の定義は，関数の収束にならって

$$\forall \epsilon > 0,\ \exists \delta_\epsilon > 0 \quad \text{s.t.} \quad |\Delta| < \delta_\epsilon \implies |\Sigma_\Delta - A| < \epsilon$$

とするほうがより自然である．実は，この定義ともとの細分を用いた極限の定義が等価であることを保証するのが次の **Darboux (ダルブー) の定理**である．また，Darboux の定理は $\overline{S}(f) = \inf_\Delta \overline{\Sigma}_\Delta(f)$ であることを示している．ただし $\inf_\Delta$ は，すべての分割の下限を表している．同様に，$\underline{S}(f) = \sup_\Delta \underline{\Sigma}_\Delta(f)$ であることもわかる．

4.2.1 Darbouxの定理

定理 4.2 (Darboux) $I = [a,b]$ の分割 $\Delta = \{a = x_0 < x_1 < \cdots < x_n = b\}$ に対して

$$\Sigma_\Delta := \sum_{i=1}^{n} \sigma_{[x_{i-1}, x_i]}$$

とする．ここで，$\sigma_{[\alpha,\beta]}$ は，$[\alpha,\beta] \subset I$ によって定まる値であり，ある正の数 M が存在して

$$\forall [\alpha,\beta] \subset I,\ \left|\sigma_{[\alpha,\beta]}\right| \leq M(\beta - \alpha)$$

を満たすものとする．このとき (細分化の極限の意味で)，

$$\lim_{|\Delta|\to 0} \Sigma_\Delta = S$$

であるなら，

$$\forall \epsilon > 0,\ \exists \delta_\epsilon > 0 \quad \text{s.t.} \quad \forall \Delta,\ |\Delta| < \delta_\epsilon \implies |\Sigma_\Delta - S| < \epsilon$$

(証明) $\lim_{|\Delta|\to 0} \Sigma_\Delta = S$ であるから，任意の $\epsilon > 0$ に対して，ある分割 $\Delta_\epsilon = \{a = x_0 < x_1 < \cdots < x_n = b\}$ が存在して

$$\Delta \succ \Delta_\epsilon \implies |\Sigma_\Delta - S| < \frac{\epsilon}{2}$$

である.

そこで,$\delta_\epsilon := \epsilon/(6Mn)$ とし,$|\Delta| < \delta_\epsilon$ を満たす任意の分割 $\Delta = \{a = y_0 < y_1 < \cdots < y_l = b\}$ を考える.

Δ と Δ_ϵ の分割点からなる分割を Δ' とすると,$\Delta' \succ \Delta$,$\Delta' \succ \Delta_\epsilon$ が成り立つ.Δ' は Δ に高々 $n-1$ 個の分割点を加えてできる分割であり,1 点新たに加えると Δ の一つの細分区間が二つの区間に分割される.

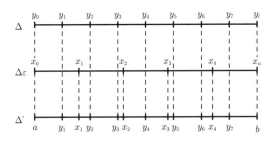

図 **4.5** 分割 Δ' の構成.$l = 8, n = 5$.

Δ に加えられた点の個数を s $(0 \leq s \leq n-1)$,加えられた Δ の区間を,$I_j := [y_{p_j}, y_{p_j+1}]$ $(j = 1, 2, \ldots, t)$ とする.また,I_j に加えられた点を $x_j^{(1)}, x_j^{(2)}, \ldots, x_j^{(m_j)}$ とする.したがって,$0 \leq t \leq s$,$\sum_{j=1}^{t} m_j = s$ である[*3].

Δ' と Δ の分割は I_j $(j = 1, 2, \ldots, t)$ 以外の区間では一致しているから,$x_j^{(0)} := y_{p_j}$,$x_j^{(m_j+1)} := y_{p_j+1}$,$I_j^{(k)} := \left[x_j^{(k)}, x_j^{(k+1)}\right]$ とすると,

$$\Sigma_{\Delta'} - \Sigma_\Delta = \sum_{j=1}^{t} \left\{ \left(\sum_{k=0}^{m_j} \sigma_{I_j^{(k)}} \right) - \sigma_{I_j} \right\}$$

$$\therefore \quad |\Sigma_{\Delta'} - \Sigma_\Delta| \leq \sum_{j=1}^{t} \left\{ \left(\sum_{k=0}^{m_j} |\sigma_{I_j^{(k)}}| \right) + |\sigma_{I_j}| \right\}$$

ここで M の定義によって

$$|\sigma_{I_j^{(k)}}| \leq M(x_j^{(k+1)} - x_j^{(k)}) \leq M|\Delta'| \leq M|\Delta| < M\delta_\epsilon,$$

[*3] 図 4.5 では,$I_1 = [y_1, y_2]$,$I_2 = [y_3, y_4]$,$I_3 = [y_4, y_5]$,$I_4 = [y_6, y_7]$,$s = t = 4$,$m_j = 1$ $(j = 1, 2, 3, 4)$,$x_1^{(1)} = x_1$,$x_2^{(1)} = x_2$,$x_3^{(1)} = x_3$,$x_4^{(1)} = x_4$ である.

であるから
$$|\sigma_{I_j}| \leq M(y_{p_j+1} - y_{p_j}) \leq M|\Delta| < M\delta_\epsilon$$

$$|\Sigma_{\Delta'} - \Sigma_\Delta| < (s+2t)M\delta_\epsilon < 3nM\delta_\epsilon = \frac{\epsilon}{2}$$

また，$\Delta' \succ \Delta_\epsilon$ であったので

$$|\Sigma_{\Delta'} - S| < \frac{\epsilon}{2}$$

したがって

$$|\Sigma_\Delta - S| \leq |\Sigma_\Delta - \Sigma_{\Delta'}| + |\Sigma_{\Delta'} - S| < \frac{\epsilon}{2} + \frac{\epsilon}{2} = \epsilon$$

よって，

$${}^\forall \epsilon > 0, \; {}^\exists \delta_\epsilon > 0 \quad \text{s.t.} \quad |\Delta| < \delta_\epsilon \implies |\Sigma_\Delta - S| < \epsilon$$

∎

注意 4.8 細分化の極限は $|\Delta| \to 0$ を意味するから，Darboux の定理の逆が成り立つことは明らかである． ◁

系 4.2

$$\lim_{|\Delta| \to 0} \underline{\Sigma}_\Delta(f) = \underline{S}(f) \iff {}^\forall \epsilon > 0, \; {}^\exists \delta_\epsilon > 0 \quad \text{s.t.} \quad |\Delta| < \delta_\epsilon \implies |\underline{\Sigma}_\Delta(f) - \underline{S}(f)| < \epsilon$$

$$\lim_{|\Delta| \to 0} \overline{\Sigma}_\Delta(f) = \overline{S}(f) \iff {}^\forall \epsilon > 0, \; {}^\exists \delta_\epsilon > 0 \quad \text{s.t.} \quad |\Delta| < \delta_\epsilon \implies |\overline{\Sigma}_\Delta(f) - \overline{S}(f)| < \epsilon$$

$$\lim_{|\Delta| \to 0} V_\Delta(f) = 0 \iff {}^\forall \epsilon > 0, \; {}^\exists \delta_\epsilon > 0 \quad \text{s.t.} \quad |\Delta| < \delta_\epsilon \implies |V_\Delta(f)| < \epsilon$$

(証明) 定理において $\sigma[x_{i-1}, x_i] = \inf_{x_{i-1} \leq x \leq x_i} f(x)$ とすれば $\Sigma_\Delta = \underline{\Sigma}_\Delta(f)$ となる．$f(x)$ は有界であるので (そうでないと Riemann 積分は定義できない)

$$M := \max\left[|\inf_{x \in I} f(x)|, |\sup_{x \in I} f(x)|\right]$$

が存在し，

$$\sigma[x_{i-1}, x_i] \leq M(x_i - x_{i-1})$$

となる．したがって，Darboux の定理が使えて最初の結果を得る．その他も同様． ∎

同様に次の系が成り立つ．

系 4.3 f が区間 $I = [a,b]$ で Riemann 積分可能であるための必要十分条件は

$$\forall \epsilon > 0, \; \exists \delta_\epsilon > 0 \quad \text{s.t.} \quad |\Delta| < \delta_\epsilon \implies \forall \Xi, \; \left|\Sigma_{\Delta,\Xi}(f) - S(f)\right| < \epsilon \tag{4.1}$$

である.

注意 4.9 Riemann 積分可能であるとは, 系 4.3 の式 (4.1) が成り立つことと考えてよい. ◁

4.2.2 いくつかの有用な定理

定理 4.3 区間 $[a,b]$ で有界かつ単調増加または単調減少する関数 f は Riemann 積分可能.

(証明) 簡単のため f は単調増加関数とする (単調減少でも同様).
$\Delta = \{a = x_0 < x_1 < \cdots < x_n = b\}$ とすると,

$$\sup_{x_{i-1} \leq x \leq x_i} f(x) = f(x_i), \quad \inf_{x_{i-1} \leq x \leq x_i} f(x) = f(x_{i-1})$$

であるから,

$$\begin{aligned} V_\Delta(f) &= \sum_{i=1}^n (f(x_i) - f(x_{i-1}))(x_i - x_{i-1}) \\ &\leq |\Delta| \sum_{i=1}^n (f(x_i) - f(x_{i-1})) \\ &= |\Delta|(f(b) - f(a)) \end{aligned}$$

$f(x)$ は有界であるので $f(b) - f(a) < +\infty$. ゆえに

$$\lim_{|\Delta| \to 0} V_\Delta(f) = 0$$

したがって, Riemann 積分可能である. ∎

定理 4.4 f が区間 $[a,b]$ および $[b,c]$ で Riemann 積分可能なら, $[a,c]$ でも Riemann 積分可能であり

$$\int_a^b f(x)\mathrm{d}x + \int_b^c f(x)\mathrm{d}x = \int_a^c f(x)\mathrm{d}x$$

(**証明**) 任意の $\epsilon > 0$ に対して，区間 $[a,c]$ の分割 Δ_ϵ として点 b を分割点とするものを考えればよい． ∎

次の系はただちにわかるだろう．

系 4.4 区間 $[a,b]$ において有限回の増減を行う関数は Riemann 積分可能である．

例 4.2 f が区間 I で C^1 級であれば，Riemann 積分可能である．
(平均値の定理から，$M = \sup_I |f'(x)|$ として

$$V_\Delta(f) \leq \sum_{i=1}^n |f'(\xi_i)|(x_i - x_{i-1})^2 \leq M|\Delta|(b-a)$$

であることより従う)． ◁

4.2.3 一様連続性

この項では，系 4.5：「区間 $[a,b]$ 上の有界な関数 f が，有限個の点を除いて連続であれば Riemann 積分可能である」を示す．そのためには，一様連続性とそれに付随する定理を用いる必要がある．一様連続性は Riemann 積分可能性を論じる上で重要な概念である．関数の連続性と一様連続性は異なる概念であり，両者の違いを把握することが重要になる．

定義 4.9 関数 $f(x)$ が定義域 D において**一様連続**であるとは，

$${}^\forall \epsilon > 0, \ {}^\exists \delta_\epsilon > 0 \quad \text{s.t.} \quad {}^\forall x, y \in D, \ |x-y| < \delta_\epsilon \implies |f(x) - f(y)| < \epsilon$$

となることをいう．

注意 4.10 $f(x)$ が D において連続であるとは，D 内のすべての点において連続であること，すなわち，

$$ {}^\forall x \in D, \ {}^\forall \epsilon > 0, \ {}^\exists \delta_{\epsilon,x} > 0 \quad \text{s.t.} \quad {}^\forall y \in D, \ |x-y| < \delta_{\epsilon,x} \implies |f(x) - f(y)| < \epsilon$$

ということであった．一様連続との違いは $\delta_{\epsilon,x}$ と書いたように，x, y の近さを与える δ を x ごとに決めることができる点である．定義からわかるように，一様連

続であれば (与えられた $\epsilon > 0$ に対して，どの x についても同じ δ_ϵ を用いれば良いので) 連続である． ◁

例題 4.3 区間 $[0, 1)$ において，$f(x) = 1/(1-x)$ は連続であるが，一様連続ではないことを示せ． ◁

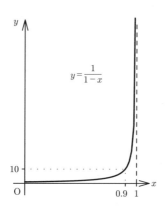

図 4.6 $y = (1-x)^{-1}$ のグラフの概形

(解) $\delta_{\epsilon, x} := \min\left[\frac{1-x}{2}, \frac{(1-x)^2 \epsilon}{2}\right]$ とすると，$|x - y| < \delta_{\epsilon, x}$ であるとき，

$$
\begin{aligned}
|f(x) - f(y)| &= \left|\frac{y - x}{(1-x)(1-y)}\right| \\
&= \left|\frac{y - x}{(1-x)(1-x-(y-x))}\right| \\
&\leq \frac{|x-y|}{(1-x)(1-x-|x-y|)} \\
&< \frac{(1-x)^2 \epsilon}{2} \frac{2}{(1-x)^2} = \epsilon
\end{aligned}
$$

よって，連続である．ここで，最後の変形には

$$|x - y| < \frac{(1-x)^2 \epsilon}{2}, \ 1 - x - |x - y| > \frac{1-x}{2}$$

を用いた．

仮に，$f(x)$ が一様連続であるとすると，任意の $\epsilon > 0$ に対して，ある $\delta_\epsilon > 0$ が存在して，任意の x, y に対して $|x - y| < \delta_\epsilon$ ならば必ず $|f(x) - f(y)| < \epsilon$ となる．このとき $x = 1 - \delta_\epsilon$ とすると，$x < y < 1$ である y に対して $|x - y| < \delta_\epsilon$ であるが，

$$\lim_{y \to 1-0} f(y) = +\infty$$

であるので，十分 1 に近い y に対しては $|f(x) - f(y)| > \epsilon$ となる ($f(x) = 1/\delta_\epsilon$ であるから，$1/(1-y) > 1/\delta_\epsilon + \epsilon$ となる y をとればよい)．これは矛盾である．よって一様連続ではない．

定理 4.5 有界閉区間の上で連続な関数はそこで一様連続である[*4]．

この定理の証明には Borzano-Weierstrass の定理 (命題 1.4 (C5)) を用いる．

注意 4.11 定義 1.4 により，数列 $(a_1, a_2, a_3, \ldots)$ の部分列とは，$(a_1, a_3, a_5, \ldots)$ のように，適当な順番に抜き出してつくった数列のことであった．この数列は自然数から自然数への写像 $\sigma : \mathbb{N} \to \mathbb{N}$ で定まるので，$\{a_{\sigma(n)}\}$ のように表されることが多い．この例では $\sigma(1) = 1$, $\sigma(2) = 3, \sigma(3) = 5, \cdots$ となっている．　　◁

(証明) 背理法を用いて証明する．有界閉区間を $I := [a, b]$ とする．連続関数 $f(x)$ が I で一様連続ではないと仮定する．すると，ある $\epsilon > 0$ が存在して，どんなに小さな $\delta > 0$ に対しても，ある $x, y \in I$ が存在して，$|x-y| < \delta$ かつ $|f(x) - f(y)| \geq \epsilon$ となる．そこで，$\delta = 1/n$ $(n = 1, 2, 3, \ldots)$ とすると，次を満たす数列 $\{x_n\}, \{y_n\}$ が存在する．

$$(\#) \quad x_n, y_n \in I, \quad |x_n - y_n| < \frac{1}{n}, \quad |f(x_n) - f(y_n)| \geq \epsilon$$

さて，$\{x_n\}$ は (I に含まれているから) 有界な無限数列であるので，Borzano-Weierstrass の定理により収束する部分列 $\{x_{\sigma(n)}\}$ ($\sigma(n) \in \mathbb{N}$, $\sigma(n) < \sigma(n+1)$) を含む．I は閉区間であるので，その収束値は I に含まれる．これを a とする．すなわち

$$\lim_{n \to \infty} x_{\sigma(n)} = a \in I$$

[*4] 厳密には $\mathbb{R}$ 自身も閉区間と考えられるため，$\mathbb{R}$ を除く意味で有界閉区間という．$\mathbb{R}$ は開区間であると同時に閉区間でもある．

f は I で連続であるから,とくに $x = a$ でも連続である.したがって,今の ϵ に対して,ある δ_ϵ が存在して $|x-a| < \delta_\epsilon$ ならば $|f(x) - f(a)| < \epsilon/2$ となる.また,十分大きな n_0 を選べば,

$$\frac{1}{n_0} < \frac{1}{2}\delta_\epsilon, \quad \left|x_{\sigma(n_0)} - a\right| < \frac{1}{2}\delta_\epsilon$$

とすることができる.このとき

$$\left|y_{\sigma(n_0)} - a\right| \leq \left|y_{\sigma(n_0)} - x_{\sigma(n_0)}\right| + \left|x_{\sigma(n_0)} - a\right| < \frac{1}{n_0} + \frac{\delta_\epsilon}{2} < \delta_\epsilon$$

であるので,

$$\left|f(y_{\sigma(n_0)}) - f(a)\right| < \frac{\epsilon}{2}$$

また,

$$\left|x_{\sigma(n_0)} - a\right| < \frac{1}{2}\delta_\epsilon < \delta_\epsilon$$

であるので,

$$\left|f(x_{\sigma(n_0)}) - f(a)\right| < \frac{\epsilon}{2}$$

ゆえに次の不等式を得る.

$$|f(x_{\sigma(n_0)}) - f(y_{\sigma(n_0)})| \leq |f(x_{\sigma(n_0)}) - f(a)| + |f(y_{\sigma(n_0)}) - f(a)| < \epsilon$$

これは,(#) に矛盾する.よって仮定は正しくなく,$f(x)$ は I で一様連続である.∎

定理 4.6 連続関数は有界閉区間で Riemann 積分可能である.

(証明) 定理 4.5 により,連続関数は有界閉区間で一様連続.この関数を $f(x)$ とし,有界閉区間を $I := [a,b]$ とすると,定義によって

$$\forall \epsilon > 0, \; \exists \delta_\epsilon > 0 \;\; \text{s.t.} \;\; \forall x, y \in I, \; |x-y| < \delta_\epsilon \implies |f(x) - f(y)| < \frac{\epsilon}{b-a}$$

とできる.したがって,分割 $\Delta = \{a = x_0 < x_1 < \cdots < x_{n-1} < x_n = b\}$ が $|\Delta| < \delta_\epsilon$ を満たせば,

$$V_\Delta(f) = \sum_{i=1}^{n}\left(\sup_{x_{i-1} \leq x \leq x_i} f(x) - \inf_{x_{i-1} \leq x \leq x_i} f(x)\right)(x_i - x_{i-1})$$

$$< \sum_{i=1}^{n} \frac{\epsilon}{b-a}(x_i - x_{i-1})$$
$$= \frac{\epsilon}{b-a}(b-a) = \epsilon$$

よって，$\lim_{|\Delta| \to 0} V_\Delta(f) = 0$ であるので，Riemann 積分可能である． ∎

系 4.5 閉区間上で有界な関数が，有限個の点を除いて連続であれば Riemann 積分可能である．

(証明) 閉区間を $I := [a, b]$ とし，不連続な点の個数を k，連続関数を f とする．簡単のために不連続点は a, b と異なるものとする (端点の場合も同様に証明できる)．任意の $\epsilon > 0$ に対して，I を $2k+1$ 個の閉区間に分割し各不連続点が分割した区間内に一つのみ存在するようにとり，不連続点が含まれる細分された区間を $J_1, J_2, \ldots, J_k$ とし，それ以外の区間を $I_1, I_2, \ldots, I_{k+1}$ とする．J_i の長さ $|J_i|$ はいくらでも小さくとれ，また，

$$m_i := \sup_{x \in J_i} f(x) - \inf_{x \in J_i} f(x) \quad (i = 1, 2, \ldots, k)$$

は有限の大きさであるので，$\sum_{i=1}^{k} m_i |J_i| < \epsilon/2$ を満たすようにできる．この分割を Δ_ϵ^0 とする．

I_j 上では Riemann 積分可能であることにより，I_j を細分することによってできる Δ_ϵ^0 の細分 Δ_ϵ で，I_i 上での関数 f の変動が

$$V_{\Delta_\epsilon}(f|_{I_i}) < \frac{\epsilon}{2(k+1)}$$

となるものをとることができる．

したがって，$\Delta \succ \Delta_\epsilon$ ならば，細分化によって変動は減少することを考えると

$$V_\Delta(f) \leq \sum_{i=1}^{k} m_i |J_i| + \sum_{i=1}^{k+1} V_\Delta(f|_{I_i}) < \frac{\epsilon}{2} + \frac{\epsilon}{2} = \epsilon$$

となるので，$\lim_{|\Delta| \to 0} V_\Delta(f) = 0$．よって Riemann 積分可能である． ∎

4.2.4 積分の基礎定理

命題 4.1 (積分の平均値の定理) $[a,b]$ で連続な関数 $f(x)$ に対して

$$\frac{1}{b-a}\int_a^b f(x)\,\mathrm{d}x = f(c)$$

となる点 $c \in (a,b)$ が存在する.

(証明) $f(x)$ は閉区間 $[a,b]$ で連続であるので,最大値の定理 (定理 1.6) により,この区間内で最大値 $M := \sup_{a \leq x \leq b} f(x)$ および最小値 $m := \inf_{a \leq x \leq b} f(x)$ をとる. Riemann 積分の定義により, $\Delta = \{a = x_0 < x_1 = b\}$ として

$$m(b-a) \leq \int_a^b f(x)\,\mathrm{d}x \leq M(b-a) \implies m \leq \frac{1}{b-a}\int_a^b f(x)\,\mathrm{d}x \leq M$$

よって,中間値の定理 (定理 1.5) により,$f(c) = 1/(b-a)\int_a^b f(x)\,\mathrm{d}x$ となる $c \in (a,b)$ が存在する. ∎

定理 4.7 (微分積分学の基本定理) $[a,b]$ で連続な関数 $f(x)$ に対して,$x \in (a,b)$ とし

$$S(x) := \int_a^x f(t)\,\mathrm{d}t$$

とすると,$S(x)$ は (a,b) で微分可能であり,

$$\frac{\mathrm{d}}{\mathrm{d}x}S(x) = f(x)$$

が成り立つ.

(証明)

$$\begin{aligned}
\frac{\mathrm{d}}{\mathrm{d}x}S(x) &:= \lim_{h \to 0} \frac{S(x+h) - S(x)}{h} \\
&= \lim_{h \to 0} \frac{1}{h}\left(\int_a^{x+h} f(t)\,\mathrm{d}t - \int_a^x f(t)\,\mathrm{d}t\right) \\
&= \lim_{h \to 0} \frac{1}{h}\int_x^{x+h} f(t)\,\mathrm{d}t
\end{aligned}$$

ただし，定理 4.4 よりすぐに従う等式

$$a < b < c \implies \int_a^b f(x)\,\mathrm{d}x + \int_b^c f(x)\,\mathrm{d}x = \int_a^c f(x)\,\mathrm{d}x$$
$$\iff \int_a^c f(x)\,\mathrm{d}x - \int_a^b f(x)\,\mathrm{d}x = \int_b^c f(x)\,\mathrm{d}x$$

を使っている．

ここで積分の平均値の定理よりある $x < c_h < x+h$ が存在して

$$\frac{1}{h}\int_x^{x+h} f(t)\,\mathrm{d}t = f(c_h)$$

$\lim_{h\to 0} c_h = x$ であり，$f(x)$ は連続であるので，$\lim_{h\to 0} f(c_h) = f(x)$ となり証明された． ∎

定理 4.8 (微積分学の基本公式) $f(x)$ が $[a,b]$ で連続であるとき，$f(x)$ の (ある) 原始関数を $F(x)$ とすると

$$\int_a^b f(x)\,\mathrm{d}x = F(b) - F(a)$$

(証明) 微分積分学の基本定理により，

$$\int_a^b f(x)\,\mathrm{d}x = S(b)$$

とおくと，S は f の原始関数．f の任意の原始関数を F とすると，C をある定数として $S(b) = F(b) + C$ が成り立つから，

$$\int_a^b f(x)\,\mathrm{d}x = F(b) + C$$

$b = a$ では左辺は 0 であるので $F(a) + C = 0$．よって $C = -F(a)$ となって，上の式が成立する． ∎

注意 4.12 区間 $[a,b]$ で連続な関数 $f(x)$ が $^\forall x \in (a,b)$, $f'(x) = 0$ を満たすなら，$f(x)$ は定数関数である．なぜなら，任意の $x \in (a,b]$ に対して，平均値の定理により

$$^\exists c \in (a,x), \quad f(x) - f(a) = f'(c)(x-a) = 0$$

4.2 Darboux の定理による定式化　　137

となり，常に $f(x) = f(a)$ が成り立つからである．

また，原始関数の定義より，$(S(x) - F(x))' = F'(x) - S'(x) = f(x) - f(x) = 0$．したがって，$C$ をある定数として $F(x) = S(x) + C$ である． ◁

注意 4.13 a を $f(x)$ の定義域内で任意にとって，$\int_a^x f(t)\,\mathrm{d}t$ を x を変数とする関数と考えれば，微積分学の基本定理より，これは $f(x)$ の原始関数になる．$\int_a^x f(t)\,\mathrm{d}t$ を $f(x)$ の **不定積分** という． ◁

注意 4.14 [部分積分] $F(x)$ を $f(x)$ の任意の原始関数とする．微分の Leibniz 則

$$\frac{\mathrm{d}}{\mathrm{d}x}[F(x)g(x)] = f(x)g(x) + F(x)g'(x)$$

において，両辺を積分すると，

$$F(b)g(b) - F(a)g(a) = \int_a^b f(x)g(x)\,\mathrm{d}x + \int_a^b F(x)g'(x)\,\mathrm{d}x$$

を得る．この左辺を $\bigl[F(x)g(x)\bigr]_a^b$ と書くと，移項することによって

$$\int_a^b f(x)g(x)\,\mathrm{d}x = \bigl[F(x)g(x)\bigr]_a^b - \int_a^b F(x)g'(x)\,\mathrm{d}x \qquad (4.2)$$

が成り立つ．式 (4.2) の右辺を，左辺の **部分積分** という． ◁

注意 4.15 [置換積分] $F(x)$ を $f(x)$ の任意の原始関数とする．合成関数の微分の公式

$$\frac{\mathrm{d}}{\mathrm{d}x}F(g(x)) = f(g(x))g'(x)$$

において，両辺を積分すると

$$F(g(b)) - F(g(a)) = \int_a^b f(g(x))g'(x)\,\mathrm{d}x$$

一方，

$$F(g(b)) - F(g(a)) = \int_{g(a)}^{g(b)} f(y)\,\mathrm{d}y$$

であるから，$y = g(x)$ なる関係があるとき，$y_a = g(a)$，$y_b = g(b)$ とおいて，

$$\int_{y_a}^{y_b} f(y)\,\mathrm{d}y = \int_a^b f(g(x))g'(x)\,\mathrm{d}x$$

が成り立つ．$y = g(x)$ によって，積分変数を y から x に置き換えたものと考えることができる．たとえば，$y = \sin x$ と考えると

$$\int_0^1 \sqrt{1-y^2}\,dy = \int_0^{\pi/2} \sqrt{1-\sin^2 x}\,(\sin x)'\,dx = \int_0^{\pi/2} \cos^2 x\,dx = \frac{\pi}{4}$$

などとなる．このような置き換えによって積分を行うことを**置換積分**という．◁

例 4.3 [数値積分][11] 区間 $[a,b]$ 上の連続関数 $f(x)$ の定積分を数値的に求める場合には，適当な分割 Δ，

$$\Delta := \{a = x_0 < x_1 < \cdots < x_n = b\}$$

および，各細分区間上の代表点 $\xi_i \in [x_{i-1}, x_i]$ $(i=1,2,\ldots,n)$ に対して，

- $S_1 := \sum_{i=1}^{n} f(\xi_i)(x_i - x_{i-1})$ (**Riemann 和**)
- $S_2 := \sum_{i=1}^{n} \{f(x_{i-1}) + f(x_i)\} \frac{(x_i - x_{i-1})}{2}$ (台形公式)
- $S_3 := \sum_{i=1}^{n} \left\{ f(x_{i-1}) + 4f\left(\frac{x_{i-1}+x_i}{2}\right) + f(x_i) \right\} \frac{(x_i - x_{i-1})}{6}$ (**Sympson** (シンプソン) の公式)

などの式を用いる．細分の大きさを特徴付ける量を h (通常 $h = (b-a)/n$ と考えてよい) とするとき，誤差の大きさは，S_1, S_2, S_3 の各々で $O(h^1)$, $O(h^2)$, $O(h^4)$ となることが知られている． ◁

例題 4.4 例 4.2 において，$f(x)$ が区間 $[a,b]$ で C^2 級であり，細分 Δ が区間 $[a,b]$ をちょうど n 等分するものとしたとき，台形公式の誤差が $O(h^2)$ であることを示せ． ◁

(**解**) $y \in [a, b-h]$ として，台形公式の誤差を

$$\delta_h := \int_y^{y+h} f(x)\,dx - \frac{\{f(y) + f(y+h)\}}{2} h$$

とすると，$\int_y^{y+h} (x-y)\,dx = \frac{h^2}{2}$ に注意して，

$$\delta_h = \int_y^{y+h} \left[f(x) - \left\{ f(y) + \frac{(f(y+h) - f(y))}{h}(x-y) \right\} \right] dx$$

$$= \int_y^{y+h} \left[\{f(x) - f(y)\} - \left\{\frac{f(y+h) - f(y)}{h}(x-y)\right\}\right] dx$$

$$= \int_y^{y+h} \left[f'(y + \theta_1(x-y))(x-y) - f'(y + \theta_2 h)(x-y)\right] dx$$

$$= \int_y^{y+h} f''(\eta)\{\theta_1(x-y) - \theta_2 h\}(x-y)\, dx \quad (^\exists \eta \in (y, y+h))$$

ここで, $0 < \theta_1, \theta_2 < 1$ であり, 平均値の定理 (あるいは Taylor の公式) を用いている. $|\theta_1(x-y) - \theta_2 h| < h$ であるので, $\max_{x \in [a,b]} [f''(x)] = M$ として $|\delta_h| < Mh^3/2$. したがって, $(b - a) = nh$ に注意して,

$$\left|S_2 - \int_a^b f(x)\, dx\right| < \frac{M(b-a)h^2}{2}$$

ゆえに, 誤差は $O(h^2)$ である.

4.3 広義積分

これまでは, 有界閉区間かつ有界な関数に対して積分を定義してきた. 広義積分とは, これを拡張して, 無限区間や端点で発散する関数に対して定義された積分である.

例 4.4 (1) $\displaystyle\int_1^\infty \frac{1}{x^2}\, dx$ (無限区間での積分)

(2) $\displaystyle\int_0^1 \frac{1}{\sqrt{x}}\, dx$ ($x = 0$ で被積分関数が発散する $(0, 1]$ で定義された積分) ◁

これらを Riemann 積分の極限として定義し, いくつかの有用な定理を述べる.

4.3.1 広義積分の定義

定義 4.10 (広義積分) 関数 $f(x)$ の, 区間 $[a, R]$ における Riemann 積分の $R \to \infty$ の極限が存在するとき, $f(x)$ は $[a, \infty)$ で**広義積分**可能であるといい, その値を $\int_a^\infty f(x)\, dx$ と書く. すなわち

$$\lim_{R \to \infty} \int_a^R f(x)\, dx =: \int_a^\infty f(x)\, dx$$

また, $f(x)$ の, 区間 $[a + \delta, b]$ における Riemann 積分の $\delta \to +0$ の極限が存在す

るとき，$f(x)$ は $(a,b]$ で広義積分可能であるといい，その値を $\int_a^b f(x)\,dx$ と書く．すなわち，

$$\lim_{\delta \to +0} \int_{a+\delta}^b f(x)\,dx =: \int_a^b f(x)\,dx$$

注意 4.16 一般の広義積分も同様に定義される．たとえば，

$$\lim_{R \to \infty} \int_{-R}^b f(x)\,dx =: \int_{-\infty}^b f(x)\,dx$$

$$\lim_{R_1 \to \infty} \lim_{R_2 \to \infty} \int_{-R_1}^{R_2} f(x)\,dx =: \int_{-\infty}^{\infty} f(x)\,dx$$

$$\lim_{\delta \to +0} \int_a^{b-\delta} f(x)\,dx =: \int_a^b f(x)\,dx$$

◁

例 4.5 (1) $\displaystyle\int_1^\infty \frac{1}{x^2}\,dx = \lim_{R\to\infty} \int_1^R \frac{1}{x^2}\,dx = \lim_{R\to\infty}\left(-\frac{1}{R}+1\right) = 1.$

(2) $\displaystyle\int_0^1 \frac{1}{\sqrt{x}}\,dx = \lim_{\delta\to+0} \int_\delta^1 \frac{1}{\sqrt{x}}\,dx = \lim_{\delta\to+0}\left(2\sqrt{1}-2\sqrt{\delta}\right) = 2.$ ◁

注意 4.17 数列 $\{a_n\}$ が収束するための必要十分条件は $\{a_n\}$ が Cauchy 列であることであった．つまり，

$$\forall \epsilon > 0,\ {}^\exists n_\epsilon \in \mathbb{N} \quad \text{s.t.} \quad m, n \geq n_\epsilon \implies |a_m - a_n| < \epsilon$$

が成り立つことだった．したがって，たとえば広義積分 $\int_a^\infty f(x)\,dx$ に対して，

$$F(R) := \int_a^R f(x)\,dx \qquad (a < R)$$

とおくと，R は連続変数ではあるが，数列の添え字 'n' との類推から，$R \to \infty$ で収束するための必要十分条件は

$$\forall \epsilon > 0,\ {}^\exists R_\epsilon \in (a, \infty) \quad \text{s.t.}$$

$$R_1, R_2 \geq R_\epsilon \implies |F(R_2) - F(R_1)| = \left|\int_{R_1}^{R_2} f(x)\,dx\right| < \epsilon$$

であると考えることができる．この考えが正しいことは厳密に証明できるが，ここでは証明なしに認めることにする． ◁

4.3.2 広義積分の収束性

広義積分の収束性に関しては，有用な判定法があるのでいくつか説明する．まず，注意 4.17 からただちに次の命題が成立することがわかる (他の形の広義積分についても同様).

命題 4.2

(1) $\displaystyle\lim_{R\to+\infty}\int_a^R f(x)\,\mathrm{d}x$ が収束することは次と同値である．

$$\forall \epsilon > 0,\ \exists R_\epsilon \ \text{s.t.}\ \ R_2 > R_1 \geq R_\epsilon \Longrightarrow \left|\int_{R_1}^{R_2} f(x)\,\mathrm{d}x\right| < \epsilon$$

(2) $\displaystyle\lim_{\delta\to+0}\int_\delta^b f(x)\,\mathrm{d}x$ が収束することは次と同値である．

$$\forall \epsilon > 0,\ \exists \delta_\epsilon > 0 \ \text{s.t.}\ \ 0 < \delta_1 < \delta_2 < \delta_\epsilon \Longrightarrow \left|\int_{\delta_1}^{\delta_2} f(x)\,\mathrm{d}x\right| < \epsilon$$

定義 4.11 (絶対収束) $|f(x)|$ の広義積分が収束するとき，$f(x)$ の広義積分は**絶対収束**するという．

命題 4.3 $f(x)$ は考えている領域の任意の閉区間で Riemann 積分可能であるとする．

(1) このとき，$|f(x)|$ の広義積分が収束するならば，同じ領域において $f(x)$ は広義積分可能.
(2) $|f(x)| \leq g(x)$ となる $g(x)$ が広義積分可能なら，同じ領域において $f(x)$ は広義積分可能.

(証明) (1) どの場合も同様にできるので，$\int_a^\infty f(x)\,\mathrm{d}x$ を考える．$|f(x)|$ の広義積分は収束するので，命題 4.2 (1) を用いると，

$$\forall \epsilon > 0,\ \exists R_\epsilon,\ R_2 > R_1 \geq R_\epsilon \Longrightarrow \int_{R_1}^{R_2} |f(x)|\,\mathrm{d}x < \epsilon$$

ところが，$\left|\int_{R_1}^{R_2} f(x)\,\mathrm{d}x\right| \leq \int_{R_1}^{R_2} |f(x)|\,\mathrm{d}x < \epsilon$. よって，

$$\forall \epsilon > 0,\ \exists R_\epsilon,\ R_2 > R_1 \geq R_\epsilon \Longrightarrow \left|\int_{R_1}^{R_2} f(x)\,\mathrm{d}x\right| < \epsilon$$

となるから，$\int_a^\infty f(x)\,dx$ は広義積分可能．
(2) 省略． ■

例 4.6 e^{-x^2} は $[0,\infty)$ で広義積分可能であることを示す．

$$g(x) := \begin{cases} 1 & (0 \leq x < 1) \\ e^{-x} & (1 \leq x < \infty) \end{cases}$$

とすると，$|e^{-x^2}| \leq g(x)$ であって，

$$\lim_{R\to\infty}\int_0^R g(x)\,dx = \int_0^1 1\,dx + \lim_{R\to\infty}\int_1^R e^{-x}\,dx$$
$$= 1 + \lim_{R\to\infty}\left[-e^{-R} + e^{-1}\right] = 1 + e^{-1}$$

であるので $g(x)$ は広義積分可能である．ゆえに，命題 4.3(2) より e^{-x^2} も広義積分可能である． ◁

例 4.7 $\int_0^\infty (\sin x/x)\,dx$ は絶対収束しないが広義積分可能であることを示す．
まず，$\sin x \leq x$ ($0 < x$) によって

$$\left|\frac{\sin x}{x}\right| \leq 1 \quad (0 < x), \qquad \lim_{\delta \to 0}\int_\delta^\pi 1\,dx = \pi$$

であるので，命題 4.3(2) より $\int_0^\pi (\sin x/x)\,dx$ は広義積分可能である．
次に

$$\int_{2k\pi}^{(2k+1)\pi} \frac{\sin x}{x}\,dx = \int_0^\pi \frac{\sin x}{x+2k\pi}\,dx$$
$$\int_{(2k+1)\pi}^{(2k+2)\pi} \frac{\sin x}{x}\,dx = \int_0^\pi -\frac{\sin x}{x+(2k+1)\pi}\,dx$$

であるので $a_n := \int_0^\pi \frac{\sin x}{x+n\pi}$ とおくと，

$$\int_\pi^\infty \frac{\sin x}{x}\,dx = \sum_{n=1}^\infty (-1)^n a_n$$

である．また明らかに $\lim_{n\to\infty} a_n = 0$．ところが例題 1.5(2) に示したように
「$\{a_n\}$ が単調減少数列で $\lim_{n\to\infty} a_n = 0$ であれば $\sum_{n=1}^\infty (-1)^n a_n$ は収束する」

が成り立つから $\int_\pi^\infty (\sin x/x)\,dx$ は収束する．以上より広義積分可能であることがわかった．

しかしながら $0 \leq x \leq \pi$ では

$$\left|\frac{\sin x}{x+n\pi}\right| \geq \frac{\sin x}{(n+1)\pi}, \quad \int_0^\pi \frac{\sin x}{(n+1)\pi}\,dx = \frac{2}{(n+1)\pi}$$

であるので

$$\int_0^\infty \left|\frac{\sin x}{x}\right|\,dx \geq \int_0^\pi \frac{\sin x}{x}\,dx + \sum_{n=1}^\infty \frac{2}{(n+1)\pi} \to \infty$$

となって絶対収束していない． ◁

4.3.3 積分の応用

Riemann 積分の定義により，$\int_a^b |f(x)|\,dx$ の値は，xy 平面の曲線 $y = f(x)$，x 軸，直線 $x = a$ および $x = b$ で囲まれた図形の面積と考えることができる．さらに一般に，xy 平面の二つの滑らかな曲線 $y = f(x)$，$y = g(x)$，直線 $x = a$ および $x = b$ によって囲まれる図形の面積は

$$\int_a^b |f(x) - g(x)|\,dx$$

で与えられる．これを利用して，平面図形の面積を計算することが可能になる．

例 4.8 長軸の長さが a，短軸の長さが b の楕円を考える．この楕円は xy 平面では，

$$\frac{x^2}{a^2} + \frac{y^2}{b^2} = 1$$

によって与えられる．第 1 象限では，$y = b\sqrt{1 - x^2/a^2}$ と表せるから，対称性を考慮すると，この楕円の面積 S は

$$\begin{aligned}
S &= 4\int_0^a b\sqrt{1 - \frac{x^2}{a^2}}\,dx \\
&= 4\int_0^{\pi/2} ab\sqrt{1 - \sin^2\theta}\,\cos\theta\,d\theta \\
&= 4ab\int_0^{\pi/2} \cos^2\theta\,d\theta
\end{aligned}$$

$$= ab\pi$$

となる．ただし，途中の計算で $x = a\sin\theta$ と置き換え，置換積分を行った． ◁

次に曲線の長さについて考えよう．3.3.2 項に述べたように，xy 平面内の曲線 C は，媒介変数表示により，$(x(t), y(t))$ $(t \in I := [a, b])$ と記述される．簡単のため，曲線は滑らかである，すなわち，$x(t)$, $y(t)$ は C^1 級関数であり，

$$\frac{dx}{dt}(t) = \frac{dy}{dt}(t) = 0$$

となる t は存在しないものとする．今，閉区間 I の分割 $\Delta := \{a = t_0 < t_1 < \cdots < t_n = b\}$ とすると，C は $(x(a), y(a))$ を始点とし，$(x(t_i), y(t_i))$ $(i = 1, 2, \ldots, n)$ を順に直線で結んだ折れ線によって近似される．

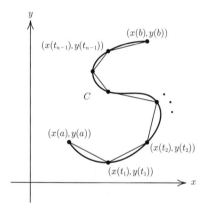

図 4.7　曲線 C の折れ線による近似

折れ線の長さ $s_\Delta(C)$ は，

$$s_\Delta(C) = \sum_{i=1}^{n} \sqrt{(x(t_i) - x(t_{i-1}))^2 + (y(t_i) - y(t_{i-1}))^2}$$

である．2 点間の最短距離は，その 2 点を結ぶ直線の長さであるから，$\Delta \prec \Delta'$ ならば，$s_\Delta(C) \leq s_{\Delta'}(C)$ であり，折れ線は分割を細かくするほど C をよく近似すると考えられる．そこで**曲線の長さ**を次のように定義する．

定義 4.12 曲線 C の長さ $s(C)$ を，上の記法のもとに

$$s(C) := \lim_{|\Delta| \to 0} s_\Delta(C)$$

と定義する．

命題 4.4

$$s(C) = \int_a^b \sqrt{\left(\frac{\mathrm{d}x}{\mathrm{d}t}(t)\right)^2 + \left(\frac{\mathrm{d}y}{\mathrm{d}t}(t)\right)^2} \, \mathrm{d}t$$

(証明) $\dot{x}(t) := (\mathrm{d}x/\mathrm{d}t)(t)$ と記することにする．平均値の定理より，$\tau_i, \tau_i' \in [t_{i-1}, t_i]$ が存在して，

$$\frac{x(t_i) - x(t_{i-1})}{t_i - t_{i-1}} = \dot{x}(\tau_i), \quad \frac{y(t_i) - y(t_{i-1})}{t_i - t_{i-1}} = \dot{y}(\tau_i')$$

したがって，

$$s_\Delta(C) = \sum_{i=1}^n (t_i - t_{i-1}) \sqrt{\left(\frac{x(t_i) - x(t_{i-1})}{t_i - t_{i-1}}\right)^2 + \left(\frac{y(t_i) - y(t_{i-1})}{t_i - t_{i-1}}\right)^2}$$

$$= \sum_{i=1}^n (t_i - t_{i-1}) \sqrt{\dot{x}(\tau_i)^2 + \dot{y}(\tau_i')^2}$$

$$= \sum_{i=1}^n (t_i - t_{i-1}) \left\{ \sqrt{\dot{x}(\tau_i)^2 + \dot{y}(\tau_i)^2} + \delta_i \right\}$$

ただし，

$$\delta_i := \sqrt{\dot{x}(\tau_i)^2 + \dot{y}(\tau_i')^2} - \sqrt{\dot{x}(\tau_i)^2 + \dot{y}(\tau_i)^2}$$

$\dot{x}, \dot{y}$ は連続であるので，$\delta_i = o(1)$ ($|t_i - t_{i-1}| \to 0$) であるから，$m_\Delta := \max_i |\delta_i|$ とすると，$\lim_{|\Delta| \to 0} m_\Delta = 0$ である．

$$\lim_{|\Delta| \to 0} \sum_{i=1}^n \left\{ \sqrt{\dot{x}(\tau_i)^2 + \dot{y}(\tau_i)^2} \right\} (t_i - t_{i-1}) = \int_a^b \sqrt{\dot{x}(t)^2 + \dot{y}(t)^2} \, \mathrm{d}t$$

であり，

$$\lim_{|\Delta| \to 0} \left| \sum_{i=1}^n \delta_i (t_i - t_{i-1}) \right| \le \lim_{|\Delta| \to 0} m_\Delta (b - a) = 0$$

したがって，命題 4.4 が成り立つ． ∎

系 4.6 $f(x)$ を区間 $[a,b]$ で定義された，C^1 級関数とする．xy 平面上で $y = f(x)$ $(a \leq x \leq b)$ で与えられる曲線の長さは

$$\int_a^b \sqrt{1 + f'(x)^2} \, dx$$

で与えられる．

(証明) 命題 4.4 において，$x(t) = t$, $y(t) = f(t)$ としたものに他ならない． ■

もう一つの応用として，回転体の体積とその表面積を考えよう．体積や面積の定義は回転体の回転軸を含む切断面を xy 平面上に，x 軸が回転軸に一致し，面の境界が曲線 $y = \pm f(x)$ $(a \leq x \leq b, f(x) > 0)$，直線 $x = a$, $x = b$ で与えられるとする．ただし，$f(x)$ は C^1 級であるとする．このとき，次の命題が成り立つ．

命題 4.5 回転体の体積 V と側面積 S は次式で与えられる．

$$V = \pi \int_a^b f(x)^2 \, dx$$
$$S = 2\pi \int_a^b f(x)\sqrt{1 + f'(x)^2} \, dx$$

(証明) (略証) 体積や面積を厳密に定義することはせず，直感的な説明に留める．閉区間 $[a,b]$ の分割を $\Delta := \{a = x_0 < x_1 < \ldots < x_n = b\}$ とする．回転軸を x 軸と同一視すると，点 x を通る軸に垂直な断面の面積は $\pi f(x)^2$ である．$m_i := \min_{x_{i-1} \leq x \leq x_i} f(x)$, $M_i := \max_{x_{i-1} \leq x \leq x_i} f(x)$ とすると，$x = x_{i-1}$ と $x = x_i$ を通る x 軸に垂直な二つの断面に囲まれた体積 V_i は

$$\pi m_i^2 (x_i - x_{i-1}) \leq V_i \leq \pi M_i^2 (x_i - x_{i-1})$$

である．したがって，

$$m_i \leq \sqrt{\frac{V_i}{\pi(x_i - x_{i-1})}} \leq M_i$$

ゆえに，中間値の定理から $\xi_i \in [x_{i-1}, x_i]$ であって $\pi f(\xi_i)^2 (x_i - x_{i-1}) = V_i$ となるものが存在する．よって

$$V = \sum_{i=1}^n \pi f(\xi_i)^2 (x_i - x_{i-1})$$

$|\Delta| \to +0$ の極限をとって，V の表式を得る．

一方，関数 $f(x)$ を $(x_i, f(x_i))$ $(i = 0, 1, 2, \ldots, n)$ を結ぶ折れ線で近似すると，$x = x_{i-1}$ と $x = x_i$ を通る x 軸に垂直な二つの断面に囲まれた図形の側面積 S_i は

$$S_i = \pi \{f(x_i) + f(x_{i-1})\} \sqrt{(x_i - x_{i-1})^2 + (f(x_i) - f(x_{i-1}))^2}$$

したがって，命題 4.4 で曲線の長さを求めたときと同様に考えて，

$$\begin{aligned} S &= \lim_{|\Delta| \to 0} \sum_{i=1}^n \pi \{f(x_i) + f(x_{i-1})\} \sqrt{(x_i - x_{i-1})^2 + (f(x_i) - f(x_{i-1}))^2} \\ &= \lim_{|\Delta| \to 0} \sum_{i=1}^n \pi \{f(x_i) + f(x_{i-1})\} \left\{ \sqrt{1 + \left(\frac{f(x_i) - f(x_{i-1})}{x_i - x_{i-1}}\right)^2} \right\} (x_i - x_{i-1}) \\ &= 2\pi \lim_{|\Delta| \to 0} \sum_{i=1}^n f(\xi_i) \left\{ \sqrt{1 + f'(\xi_i')^2} \right\} (x_i - x_{i-1}) \\ &= 2\pi \int_a^b f(x) \sqrt{1 + f'(x)^2} \, \mathrm{d}x \end{aligned}$$

∎

例 4.9 $a, b > 0$ とする．xy 平面の楕円

$$\left(\frac{x}{a}\right)^2 + \left(\frac{y}{b}\right)^2 = 1$$

を x 軸を回転軸として回転させた図形の体積を求めると，命題 4.5 より $f(x) = b\sqrt{1 - (x^2/a^2)}$ として

$$V = \pi \int_{-a}^a b^2 \left\{1 - \left(\frac{x}{a}\right)^2\right\} \mathrm{d}x = \frac{4\pi a b^2}{3}$$

である．とくに $a = b$ の場合 $V = 4\pi a^3/3$ であり，半径 a の球の体積の式に一致する．また，この場合に表面積を求めると

$$S = 2\pi \int_{-a}^a \sqrt{a^2 - x^2} \sqrt{1 + \frac{x^2}{a^2 - x^2}} \, \mathrm{d}x = 4\pi a^2$$

となる．これは確かに半径 a の球の表面積である． ◁

4.4 多重積分

Riemann 積分を高次元に拡張することを考える.ほとんどの場合 2 次元を取り扱うが,n ($n \geq 3$) 次元への拡張は容易に類推できるだろう.

定義 4.13 (閉区間) n 次元 ($n = 1, 2, 3, \ldots$) の閉区間を次のように定義する.

- 1 次元の閉区間 　　$[a, b] := \{x \mid a \leq x \leq b\}$
- 2 次元の閉区間 　　$[a_1, b_1] \times [a_2, b_2]$
  $$:= \{(x_1, x_2) \mid a_1 \leq x_1 \leq b_1,\ a_2 \leq x_2 \leq b_2\}$$
- n 次元の閉区間 　　$[a_1, b_1] \times [a_2, b_2] \times \cdots \times [a_n, b_n]$
  $$:= \left\{(x_1, x_2, \ldots, x_n) \mid {}^\forall k,\ a_k \leq x_k \leq b_k\right\}$$
- n 次元閉区間の体積 ($v(I)$)　　$I := [a_1, b_1] \times [a_2, b_2] \times \cdots \times [a_n, b_n]$ に対して
  $$v(I) := (b_1 - a_1)(b_2 - a_2) \cdots (b_n - a_n) = \prod_{i=1}^{n} (b_i - a_i)$$

以下,2 次元の場合について説明する.

定義 4.14 (2 次元閉区間の分割) 閉区間 $I = [a_1, b_1] \times [a_2, b_2]$ に対して,$x_k \in [a_1, b_1]$ ($k = 1, 2, \ldots, m$) と $y_l \in [a_2, b_2]$ ($l = 1, 2, \ldots, n$) を

$$a_1 = x_0 < x_1 < x_2 < \cdots < x_m = b_1, \quad a_2 = y_0 < y_1 < y_2 < \cdots < y_n = b_2$$

とし,
$$I_{k,l} := [x_{k-1}, x_k] \times [y_{l-1}, y_l] \qquad (1 \leq k \leq m,\ 1 \leq l \leq n)$$

とする.

2 次元の閉区間 I は,
$$I = \cup I_{kl} := I_{11} \cup I_{12} \cup \cdots \cup I_{1n} \cup I_{21} \cup \cdots \cup I_{mn}$$

のように,小さな閉区間の和集合として表される.このように小さな閉区間の和集合として表すことを,2 次元の閉区間の分割とよび,Δ と表すことにする.

注意 4.18
$$v(I) = \sum_{k=1}^{m} \sum_{l=1}^{n} v(I_{kl})$$

◁

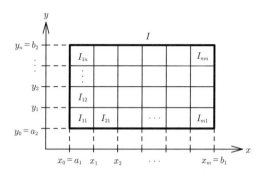

図 **4.8** 2次元の閉区間 I と分割 Δ

4.4.1 記号の定義

2次元のRiemann積分を定義するためにいくつか記号を定義しておく．I, Δ を固定する．このとき，

- $|\Delta| := \max\limits_{\substack{1\leq i\leq m \\ 1\leq j\leq n}} \sqrt{(x_i - x_{i-1})^2 + (y_j - y_{j-1})^2}$
- $\Xi := \bigl\{(\xi_{ij}, \eta_{ij}) \in I_{ij}\bigr\}_{i=1, j=1}^{m\ n}$ (mn 個の代表点の集合)
- $\Sigma_{\Delta, \Xi}(f) := \sum\limits_{i=1}^{m} \sum\limits_{j=1}^{n} f(\xi_{ij}, \eta_{ij}) v(I_{ij}) = \sum\limits_{i=1}^{m} \sum\limits_{j=1}^{n} f(\boldsymbol{\xi}_{ij}) \delta x_i \delta y_j$ ただし，$\boldsymbol{\xi}_{ij} := (\xi_{ij}, \eta_{ij})$, $\delta x_i := (x_i - x_{i-1})$, $\delta y_j := (y_j - y_{j-1})$.

4.4.2 2次元でのRiemann積分の定義

定義 4.15 (Riemann積分可能)

$$\lim_{|\Delta|\to 0} \Sigma_{\Delta, \Xi}(f)$$

が Δ, Ξ に依らず一意に定まるとき，f は I 上 Riemann 積分可能といい，その値を

$$\int_I f \quad \text{もしくは} \quad \iint_I f(x,y)\,\mathrm{d}x\mathrm{d}y$$

のように書く．

注意 4.19 このような多変数関数の積分を**多重積分**という. ◁

注意 4.20 $\Sigma_{\Delta,\Xi}(f)$ は,1次元では f によって定まる (符号付きの) 面積を与えるものと考えることができるように,2次元では (符号付きの) 体積を意味すると考えることができる. ◁

4.4.3 累 次 積 分

以下では,Riemann 積分可能であることを仮定し,具体的な計算方法を考える.Riemann 積分可能条件については後に考察する.

命題 4.6 f が I 上 Riemann 積分可能であれば

$$\int_I f = \int_{a_1}^{b_1} \left\{ \int_{a_2}^{b_2} f(x,y)\,\mathrm{d}y \right\} \mathrm{d}x = \int_{a_2}^{b_2} \left\{ \int_{a_1}^{b_1} f(x,y)\mathrm{d}x \right\} \mathrm{d}y$$

(証明) Riemann 積分可能であれば,$\xi_{ij} \in I_{ij}$ は,どのように選んでも分割 Δ を細かくしていけば収束するので

$$\Xi := \left\{ (\xi_i, \eta_j) \in I_{ij} \right\}_{i=1,j=1}^{m\ n}$$

となるように選んでよい.このとき,

$$\begin{aligned}
\Sigma_{\Delta,\Xi}(f) &= \sum_{i=1}^{m}\sum_{j=1}^{n} f(\xi_i,\eta_j)\delta x_i \delta y_j \\
&= \sum_{i=1}^{m} \left\{ \sum_{j=1}^{n} f(\xi_i,\eta_j)\delta x_i \right\} \delta y_j \\
&= \sum_{j=1}^{n} \left\{ \sum_{i=1}^{m} f(\xi_i,\eta_j)\delta y_j \right\} \delta x_i
\end{aligned}$$

Riemann 積分可能であるので,まず $\max_i[\delta x_i] \to +0$ として,次に $\max_j[\delta y_j] \to +0$ としてもよい.このとき,最後の式の { } 内は,1変数の Riemann 積分の定義により

$$\sum_{i=1}^{m} f(\xi_i,\eta_j)\delta y_j \Longrightarrow \int_{a_2}^{b_2} f(\xi_i,y)\,\mathrm{d}y =: F(\xi_i)$$

4.4 多重積分

に収束する．そして

$$\sum_{i=1}^{n} F(\xi_i)\delta x_i \Longrightarrow \int_{a_1}^{b_1} F(x)\,\mathrm{d}x = \int_{a_1}^{b_1}\left\{\int_{a_2}^{b_2} f(x,y)\,\mathrm{d}y\right\}\mathrm{d}x$$

よって

$$\int_I f = \int_{a_1}^{b_1}\left\{\int_{a_2}^{b_2} f(x,y)\,\mathrm{d}y\right\}\mathrm{d}x$$

同様にして第2式を考えれば

$$\int_I f = \int_{a_2}^{b_2}\left\{\int_{a_1}^{b_1} f(x,y)\,\mathrm{d}x\right\}\mathrm{d}y$$

■

注意 4.21 このように，各変数に関して順次積分を繰返して得られる積分を**累次積分**という．

$$\int_{a_1}^{b_1}\left\{\int_{a_2}^{b_2} f(x,y)\,\mathrm{d}y\right\}\mathrm{d}x$$

を

$$\int_{a_1}^{b_1}\mathrm{d}x\int_{a_2}^{b_2}\mathrm{d}y\,f(x,y)$$

と書くことも多い． ◁

例題 4.5 $I := [0,1]\times[0,\pi/2]$，$f(x,y) = x\sin xy$ の場合に，$\int_I f$ を2通りの累次積分によって求め，両者が一致することを確かめよ． ◁

(解)

$$\int_0^1 x\sin xy\,\mathrm{d}x = \left[-\frac{x}{y}\cos xy\right]_0^1 + \int_0^1 \frac{1}{y}\cos xy\,\mathrm{d}x = -\frac{1}{y}\cos y + \frac{1}{y^2}\sin y$$

$$\int_0^{\pi/2} -\frac{1}{y}\cos y + \frac{1}{y^2}\sin y\,\mathrm{d}y = \int_0^{\pi/2}\frac{\mathrm{d}}{\mathrm{d}y}\left(-\frac{\sin y}{y}\right)\mathrm{d}y = -\frac{2}{\pi} + 1$$

$$\int_0^{\pi/2} x\sin xy\,\mathrm{d}y = [-\cos xy]_0^{\pi/2} = -\cos\left(\frac{\pi x}{2}\right) + 1$$

$$\int_0^1 -\cos\left(\frac{\pi x}{2}\right) + 1\,\mathrm{d}x = \left[-\frac{2}{\pi}\sin\left(\frac{\pi x}{2}\right) + x\right]_0^1 = -\frac{2}{\pi} + 1$$

よって一致する．

4.4.4 有界集合上の Riemann 積分

定義 4.16 (有界集合と有界集合上の積分) 領域 D が閉区間 I に含まれるとき ($D \subseteq I$), D を有界集合とよぶ.

D で定義された関数 f に対して

$$f^*(x,y) := \begin{cases} f(x,y) & (x,y) \in D \\ 0 & (x,y) \notin D \end{cases}$$

として

$$\int_D f := \int_I f^*$$

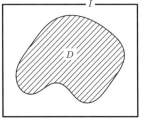

図 4.9 有界な領域 D とそれを含む閉区間 I

注意 4.22 $D \subseteq I$ である限り, 積分の値は I によらない. ◁

例題 4.6 $D := \left\{(x,y) \mid x \geq 0, y \geq 0, x^2 + y^2 \leq 1\right\}$, $f(x,y) = xy$, $I = [0,1] \times [0,1]$ とするとき $\int_D f$ を求めよ. ◁

(解)

$$\begin{aligned}
\int_D f &= \int_I f^* = \int_0^1 dx \int_0^1 dy\, f^*(x,y) \\
&= \int_0^1 dx \int_0^{\sqrt{1-x^2}} dy\, xy \\
&= \int_0^1 \frac{x(1-x^2)}{2} dx = \frac{1}{8}
\end{aligned}$$

4.4.5 Riemann 積分可能性

1 次元の場合,「高々有限個の不連続点をもつ有界な連続関数は Riemann 積分可能」であった. 高次元の Riemann 積分のこれに類する定理について説明する (証明は省略する).

定義 4.17 (有界集合 A の体積) (1) $A \subseteq I$ となる閉区間 I が存在するとき, A は有界集合であるという.

(2) $v(A) := \int_A 1$ が存在するとき，$v(A)$ を A の体積とよぶ．

注意 4.23 体積は，特性関数とよばれる χ_A を用いて表すことができる．2 次元の場合，
$$\chi_A(x,y) := \begin{cases} 1 & (x,y) \in A \\ 0 & (x,y) \notin A \end{cases}$$
であり，$\int_A$ の定義によって $A \subseteq I$ であれば $\int_A 1 = \int_I \chi_A$ となる． ◁

定義 4.18 (零集合) 領域 A の体積が 0 であるとき，すなわち $v(A) = 0$ であるとき，A を**零集合**という．

例 4.10 1 次元閉区間内の零集合の例として **Cantor (カントール)** の **3 進集合**があげられる．

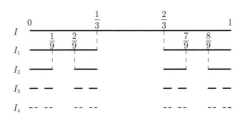

図 **4.10** Cantor の 3 進集合の構成

$I := [0,1]$ とする．I からまず開区間 $J_1 := (1/3, 2/3)$ を取り除き，$I_1 := I \setminus J_1$ とする．次に，I_1 から，$J_2 := (1/9, 2/9) \cup (7/9, 8/9)$ を取り除き，$I_2 := I_1 \setminus J_2$ とする．このように，残った閉区間の中央の 1/3 を除いていき，除く開集合の和を J_k ($k = 1, 2, 3, \ldots$) とし，$I_k := I_{k-1} \setminus J_k$ とする．こうしてできる集合 $A := \lim_{k \to \infty} I_k$ を Cantor の 3 進集合とよぶ．$v(I_{k+1}) = 2/3 v(I_k)$ であるので，$V(A) = 0$ であり，Cantor の 3 進集合は零集合である[*5]． ◁

Lebesgue (ルベーグ) による次の定理が Riemann 積分可能であるための必要十分条件を与える[1]．証明は省略する．

[*5] A は零集合であるが，A から $[0,1]$ への全射が存在する．実際，A に含まれる点を 3 進数で表すと $x \in A \implies x = 0.x_1 x_2 x_3 \ldots$, $(x_i \in \{0, 2\})$ であるから，$\sigma(x) : x_i \to x_i/2$ を 2 進数への写像とすれば $[0,1]$ への全射になっている．

定理 4.9 (Lebesgue) f が有界閉区間 I 上の有界関数であるとき，f が I 上 Riemann 積分可能であるための必要十分条件は f の不連続点の集合が零集合であることである．

4.5 Riemann 積分の積分変数変換

以下では次の命題を認めて，Riemann 積分の座標変換を考える．

命題 4.7 f は領域 D 上で Riemann 積分可能とする．領域 D を必ずしも閉区間ではなく細かく分けて
$$D = D_1 \cup D_2 \cup \cdots \cup D_N$$
とする．D_j 内の任意の点を p_j とし，その点での f の値を f_{p_j} とする．このとき，分割を細かくしていくと，
$$\sum_{j=1}^{N} f_{p_j} v(D_j) \implies \int_D f$$
すなわち，その極限の値は分割と代表点の選び方に依らず $\int_D f$ に一致する．

4.5.1　2 次元極座標への変換

扇形領域 D
$$D := \left\{ (x,y) = (r\cos\theta, r\sin\theta) \mid a \leq r \leq b,\ \alpha \leq \theta \leq \beta \right\}$$
を放射線と同心円によって分割することによる Riemann 積分を考えてみよう．

D の分割 Δ を
$$a = r_0 < r_1 < r_2 < \cdots < r_m = b, \quad \alpha = \theta_0 < \theta_1 < \theta_2 < \cdots < \theta_n = \beta$$
として
$$D = \cup_{k=1}^{m} \cup_{l=1}^{n} D_{kl} = D_{11} \cup D_{12} \cup \cdots \cup D_{mn}$$
$$D_{kl} := \left\{ (x,y) = (r\cos\theta, r\sin\theta) \mid r_{k-1} \leq r \leq r_k, \theta_{l-1} \leq \theta \leq \theta_l \right\}$$
となるものとする．

4.5 Riemann 積分の積分変数変換   155

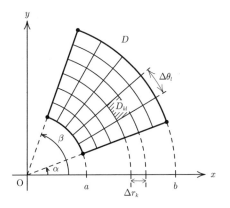

図 **4.11**　xy 平面の扇形領域 D の分割

図 4.11 に分割の例を示す．図中で，$\Delta r_k := r_k - r_{k-1}$, $\Delta \theta_l := \theta_l - \theta_{l-1}$ である．Riemann 積分 $\int_D f$ が存在すると仮定し，命題 4.7 を認めて，

$$|\Delta| := \max_{k,l}\left[D_{kl} \subseteq I \text{ となる最小の閉区間 } I \text{ の対角線の長さ}\right]$$

とすると，$p_{kl} \in D_{kl}$ を任意に選んで

$$\int_D f = \lim_{|\Delta| \to 0} \sum_{k=1}^{m}\sum_{l=1}^{n} f_{p_{kl}} v(D_{kl}) \quad \cdots (*)$$

となる．$\delta r_k := r_k - r_{k-1}$, $\delta \theta_l := \theta_l - \theta_{l-1}$ とすると，D_{ij} は扇形であるので，

$$v(D_{kl}) = \frac{1}{2}\left(r_k^2 - r_{k-1}^2\right)(\theta_l - \theta_{l-1}) = \frac{(r_k + r_{k-1})}{2}\delta r_k \delta \theta_l$$

$\rho_k := (r_k + r_{k-1})/2$, $\varphi_l \in (\theta_{l-1}, \theta_l)$ とし，D_{kl} の代表点を $(x_{kl}, y_{kl}) = (\rho_k \cos\varphi_l, \rho_k \sin\varphi_l)$ と選ぶ．また，**極座標**に変換した関数を $\tilde{f}$

$$\tilde{f}(r, \theta) := f(r\cos\theta, r\sin\theta)$$

とすると，

$$\sum_{k=1}^{m}\sum_{l=1}^{n} f_{p_{kl}} v(D_{kl}) = \sum_{k=1}^{m}\sum_{l=1}^{n} f(x_{kl}, y_{kl})\frac{(r_k + r_{k-1})}{2}\delta r_k \delta \theta_l$$

$$= \sum_{k=1}^{m}\sum_{l=1}^{n} \tilde{f}(\rho_k, \varphi_l)\rho_k \delta r_k \delta \theta_l$$

ここで閉区間 $\tilde{D} := [a,b] \times [\alpha,\beta]$ に対する (閉区間による) 分割 $\tilde{\Delta}$ を
$$\tilde{\Delta} = \{a = r_0 < r_1 < r_2 < \cdots < r_m = b, \quad \alpha = \theta_0 < \theta_1 < \theta_2 < \cdots < \theta_n = \beta\}$$
とすると，$|\Delta| \to 0$ ならば $|\tilde{\Delta}| \to 0$ であるので，
$$(*) = \lim_{|\tilde{\Delta}| \to 0} \sum_{k=1}^{m} \sum_{l=1}^{n} \tilde{f}(\rho_k, \varphi_l) \rho_k \delta r_k \delta \theta_l$$
$$= \iint_{\tilde{D}} \tilde{f}(r,\theta) r \mathrm{d}r \mathrm{d}\theta$$
したがって，
$$\int_D f = \int_a^b \int_\alpha^\beta \{\tilde{f}(r,\theta)\} r \mathrm{d}r \mathrm{d}\theta$$
となる．

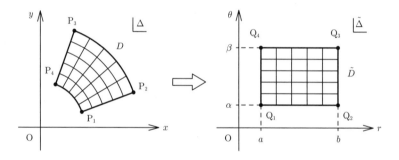

図 **4.12** xy 平面の領域 D の分割 Δ と対応する $r\theta$ 平面の領域 $\tilde{D}$ の分割 $\tilde{\Delta}$. xy 平面の P_i ($i=1,2,3,4$) が各々 $r\theta$ 平面の Q_i に対応する．

以上の考察により次の命題を得る．

命題 4.8

$$D := \bigl\{(x,y) \bigm| x = r\cos\theta,\ y = r\sin\theta;\ a \leq r \leq b,\ \alpha \leq \theta \leq \beta\bigr\}$$
$$\tilde{D} := \bigl\{(r,\theta) \bigm| a \leq r \leq b,\ \alpha \leq \theta \leq \beta\bigr\}$$

とし，$f(x,y)$ は D 上 Riemann 積分可能とする．このとき，$\tilde{f}(r,\theta) := f(r\cos\theta, r\sin\theta)$ とすると

$$\int_D f = \int_{\tilde{D}} r\tilde{f} = \int_a^b \mathrm{d}r \int_\alpha^\beta \mathrm{d}\theta\ r\tilde{f}(r,\theta)$$

が成り立つ．

例 4.11 $D := \{(x,y) \mid x \geq 0,\ y \geq 0,\ x^2 + y^2 \leq 1\}$ $f(x,y) = xy$ のとき $\int_D f$ を累次積分と極座標変換の 2 通りの方法で求めてみよう．累次積分では，

$$\int_D f = \int_I f^* = \int_0^1 dx \int_0^1 dy\ f^*(x,y)$$
$$= \int_0^1 dx \int_0^{\sqrt{1-x^2}} dy\ xy$$
$$= \int_0^1 \frac{x(1-x^2)}{2} dx = \frac{1}{8}$$

極座標を使うと，$\tilde{D} = \{(r,\theta) \mid 0 \leq r \leq 1,\ 0 \leq \theta \leq \frac{\pi}{2}\}$ であり，

$$\tilde{f}(r,\theta) = (r\cos\theta)(r\sin\theta) = r^2 \cos\theta \sin\theta = \frac{r^2}{2} \sin 2\theta$$

であるので

$$\int_D f = \int_0^1 dr \int_0^{\pi/2} d\theta\ r\frac{r^2}{2} \sin 2\theta$$
$$= \int_0^1 dr \frac{r^3}{2} \left[-\frac{1}{2} \cos 2\theta\right]_0^{\pi/2}$$
$$= \int_0^1 \frac{r^3}{2}\ dr = \frac{1}{8}$$

となって確かに累次積分の結果と一致している．　　　　　　　　　　　◁

4.5.2　一般的な変数変換

4.5.1 項では，2 次元の極座標への変換を次の手順で行った．

$$\int_D f = \iint_D f(x,y)\ dxdy$$
$$:= \lim_{|\Delta| \to 0} \sum_{m,n} f^*(\xi_m, \eta_n) \delta x_m \delta y_n \quad ((1)\ 定義式)$$
$$= \lim_{|\Delta'| \to 0} \sum_{i,j} f(p_{ij}) v(D_{ij}) \quad ((2)\ 分割の仕方を変更)$$

$$= \lim_{|\Delta'|\to 0} \sum_{i,j} \tilde{f}(r_i, \theta_j) r_i \delta r_i \delta \theta_j \qquad ((3)\ 極座標への変更)$$

$$= \iint_{\tilde{D}} \tilde{f}(r,\theta)\, r \mathrm{d}r \mathrm{d}\theta \qquad ((4)\ 極座標を用いた積分)$$

以上から, 積分における変数変換は (1) 領域 ($D \to \tilde{D}$), (2) 関数 ($f(x,y) \to \tilde{f}(r,\theta)$), (3) 体積要素 ($\mathrm{d}x\mathrm{d}y \to r \mathrm{d}r \mathrm{d}\theta$) の変換を行うことがわかる. 以上を一般化する.

定義 4.19 (ヤコビアン) x, y は u, v に関して C^1 級の関数: $x = x(u,v)$, $y = y(u,v)$ とする. このとき, 行列式で与えられる (u,v) の関数,

$$J(u,v) := \begin{vmatrix} \dfrac{\partial x}{\partial u} & \dfrac{\partial x}{\partial v} \\ \dfrac{\partial y}{\partial u} & \dfrac{\partial y}{\partial v} \end{vmatrix}$$

を ((u,v) から (x,y) への写像の) **ヤコビアン**とよぶ.

ヤコビアンは $\partial(x,y)/\partial(u,v)$ と書くことが多い.

例 4.12 2 次元の極座標変換を考えると, $x = r\cos\theta$, $y = r\sin\theta$ であるので,

$$J(r,\theta) \equiv \frac{\partial(x,y)}{\partial(r,\theta)} = \begin{vmatrix} x_r & x_\theta \\ y_r & y_\theta \end{vmatrix} = \begin{vmatrix} \cos\theta & -r\sin\theta \\ \sin\theta & r\cos\theta \end{vmatrix} = r\cos^2\theta + r\sin^2\theta = r$$

◁

命題 4.9 $x = x(u,v)$, $y = y(u,v)$ の逆関数が存在するとき, これを $u = u(x,y)$, $v = v(x,y)$ と書くことにする. このとき,

$$\frac{\partial(u,v)}{\partial(x,y)} = \frac{1}{\left.\dfrac{\partial(x,y)}{\partial(u,v)}\right|_{\substack{u=u(x,y)\\v=v(x,y)}}}$$

が成り立つ.

(証明) (u,v) を変数とする関数 $x(u,v)$ に $u = u(x,y)$, $v = v(x,y)$ を代入すると, $x(u(x,y), v(x,y))$ は (x,y) を変数とする関数であり, 恒等的に x に等しい. したがって

$$\frac{\partial x(u(x,y), v(x,y))}{\partial x} = \frac{\partial u}{\partial x}(x,y) \frac{\partial x}{\partial u}(u,v)\bigg|_{\substack{u=u(x,y)\\v=v(x,y)}} + \frac{\partial v}{\partial x}(x,y) \frac{\partial x}{\partial v}(u,v)\bigg|_{\substack{u=u(x,y)\\v=v(x,y)}} = 1$$

4.5 Riemann 積分の積分変数変換　159

$$\frac{\partial x(u(x,y),v(x,y))}{\partial y} = \frac{\partial u}{\partial y}(x,y)\frac{\partial x}{\partial u}(u,v)\bigg|_{\substack{u=u(x,y)\\v=v(x,y)}} + \frac{\partial v}{\partial y}(x,y)\frac{\partial x}{\partial v}(u,v)\bigg|_{\substack{u=u(x,y)\\v=v(x,y)}} = 0$$

が成り立つ. 同様にして

$$\frac{\partial y(u(x,y),v(x,y))}{\partial x} = \frac{\partial u}{\partial x}(x,y)\frac{\partial y}{\partial u}(u,v)\bigg|_{\substack{u=u(x,y)\\v=v(x,y)}} + \frac{\partial v}{\partial x}(x,y)\frac{\partial y}{\partial v}(u,v)\bigg|_{\substack{u=u(x,y)\\v=v(x,y)}} = 0$$

$$\frac{\partial y(u(x,y),v(x,y))}{\partial y} = \frac{\partial u}{\partial y}(x,y)\frac{\partial y}{\partial u}(u,v)\bigg|_{\substack{u=u(x,y)\\v=v(x,y)}} + \frac{\partial v}{\partial y}(x,y)\frac{\partial y}{\partial v}(u,v)\bigg|_{\substack{u=u(x,y)\\v=v(x,y)}} = 1$$

したがって,

$$\begin{pmatrix} \frac{\partial u}{\partial x}(x,y) & \frac{\partial v}{\partial x}(x,y) \\ \frac{\partial u}{\partial y}(x,y) & \frac{\partial v}{\partial y}(x,y) \end{pmatrix} \begin{pmatrix} \frac{\partial x}{\partial u}(u,v) & \frac{\partial y}{\partial u}(u,v) \\ \frac{\partial x}{\partial v}(u,v) & \frac{\partial y}{\partial v}(u,v) \end{pmatrix}\bigg|_{\substack{u=u(x,y)\\v=v(x,y)}} = \begin{pmatrix} 1 & 0 \\ 0 & 1 \end{pmatrix}$$

この両辺の行列式をとれば求める結果を得る. ∎

定理 4.10 関数 $f(x,y)$ は D 上 Riemann 積分可能であるとする. 積分変数の変換：

$$x = x(u,v), \quad y = y(u,v)$$

を行うと

$$\iint_D f(x,y)\mathrm{d}x\mathrm{d}y = \iint_{\tilde{D}} \tilde{f}(u,v)\,|J(u,v)|\,\mathrm{d}u\mathrm{d}v$$

が成り立つ.

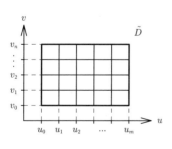
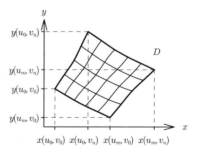

図 **4.13**　uv 平面の閉区間と対応する xy 平面の領域

ただし，$\tilde{f}(u,v) := f(x(u,v), y(u,v))$，$\tilde{D}$ は D に対応する uv 平面の領域：
$$\tilde{D} := \{(u,v) \mid (x(u,v), y(u,v)) \in D\}$$
であり，$\tilde{D}$ において，$((u,v)$ の関数とみたとき$)$ x, y は C^1 級かつ全単射であるものとする．$J(u,v)$ はヤコビアンである．

(証明) 簡単のために $\tilde{D}$ は閉区間であるとする (一般の場合には $\tilde{D}$ を含む閉区間を考え，関数 $\tilde{f}$ を $\tilde{f}^*$ に拡張して考えればよい)．$\tilde{D}$ の閉区間による分割を

$$\tilde{\Delta} = \{u_0 < u_1 < \cdots < u_m,\ v_0 < v_1 < \cdots < v_n\}$$
$$\tilde{D} = \cup_{i=1}^m \cup_{j=1}^n \tilde{D}_{ij} \quad (\tilde{D}_{ij} := \{(u,v) | u_{i-1} \leq u \leq u_i, v_{j-1} \leq v \leq v_j\})$$

とし，$\tilde{D}_{ij}$ の代表点を (どこでもかまわないので) $(u_{i-1}, v_{j-1}) \in \tilde{D}_{ij}$ とする．これに応じて D も

$$D = \cup_{ij} D_{ij}, \quad D_{ij} := \left\{ (x,y) = (x(u,v), y(u,v)) \mid (u,v) \in \tilde{D}_{ij} \right\}$$

と分割されるものとし，この分割を Δ と表す．また $\xi_{ij} = x(u_{i-1}, v_{j-1})$, $\eta_{ij} = y(u_{i-1}, v_{j-1})$ とする．

このとき，一般化された分割に対する Riemann 積分により次のように定義する．

$$\int_D f := \lim_{|\Delta| \to 0} \sum_{ij} f(\xi_{ij}, \eta_{ij}) v(D_{ij}) \qquad (\sharp)$$

次の補題が重要である．

補題 4.1

$$v(D_{ij}) = |J(u_{i-1}, v_{j-1})| \left(\delta u_i \delta v_j + o(\delta u_i \delta v_j) \right)$$

が成り立つ．ただし，$\delta u_i := u_i - u_{i-1}$, $\delta v_j := v_j - v_{j-1}$ とする．

(証明) [補題 4.1 の証明] xy 平面上の 4 点 $P_0 \sim P_3$ を，

$$P_0 = (x(u_{i-1}, v_{j-1}), y(u_{i-1}, v_{j-1})), \qquad P_1 = (x(u_i, v_{j-1}), y(u_i, v_{j-1})),$$
$$P_2 = (x(u_i, v_j), y(u_i, v_j)), \qquad P_3 = (x(u_{i-1}, v_j), y(u_{i-1}, v_j))$$

4.5 Riemann 積分の積分変数変換

とし，簡単のため $x_0 := x(u_{i-1}, v_{j-1})$, $y_0 := y(u_{i-1}, v_{j-1})$ とする．Taylor の公式によって，

$$x(u_i, v_{j-1}) = x_0 + x_u(u_{i-1}, v_{j-1})\delta u_i + o(\delta u_i)$$
$$y(u_i, v_{j-1}) = y_0 + y_u(u_{i-1}, v_{j-1})\delta u_i + o(\delta u_i)$$
$$x(u_i, v_j) = x_0 + x_u(u_{i-1}, v_{j-1})\delta u_i + x_v(u_{i-1}, v_{j-1})\delta v_j + o(\delta u_i, \delta v_j)$$
$$y(u_i, v_j) = y_0 + y_u(u_{i-1}, v_{j-1})\delta u_i + y_v(u_{i-1}, v_{j-1})\delta v_j + o(\delta u_i, \delta v_j)$$
$$x(u_{i-1}, v_j) = x_0 + x_v(u_{i-1}, v_{j-1})\delta v_j + o(\delta v_j)$$
$$y(u_{i-1}, v_j) = y_0 + y_v(u_{i-1}, v_{j-1})\delta v_j + o(\delta v_j)$$

が成り立つ．ゆえに $P_0 \sim P_3$ で囲まれた図形の面積 $(= v(D_{ij}))$ は，二つのベクトル

$$\vec{\alpha} := \begin{pmatrix} x_u(u_{i-1}, v_{j-1})\delta u_i \\ y_u(u_{i-1}, v_{j-1})\delta u_i \end{pmatrix}, \quad \vec{\beta} := \begin{pmatrix} x_v(u_{i-1}, v_{j-1})\delta v_j \\ y_v(u_{i-1}, v_{j-1})\delta v_j \end{pmatrix}$$

のつくる平行四辺形の面積を h_{ij} とするとき，

$$v(D_{ij}) = h_{ij} + o(\delta u_i \delta v_j)$$

となることがわかる．

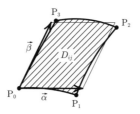

図 4.14　4 点 $P_0 \sim P_3$ を端点とする領域 D_{ij} とベクトル $\vec{\alpha}, \vec{\beta}$

$\vec{\alpha}$ と $\vec{\beta}$ のつくる平行四辺形の面積は，初等的な計算により，

$$h_{ij} = \left|(x_u y_v - x_v y_u)\delta u_i \delta v_j\right| = \left|J(u_{i-1}, v_{j-1})\right|\delta u_i \delta v_j$$

となる．よって補題が成り立つ．∎

(♯) にこの補題 4.1 を適用すると $|\Delta| \to 0 \iff |\tilde{\Delta}| \to 0$, $f(\xi_{ij}, \eta_{ij}) = \tilde{f}(u_{i-1}, v_{j-1})$ であるので

$$\int_D f = \lim_{|\tilde{\Delta}| \to 0} \sum_{ij} \tilde{f}(u_{i-1}, v_{j-1}) |J(u_{i-1}, v_{j-1})| \left(\delta u_i \delta v_j + o(\delta u_i \delta v_j)\right)$$

$$= \lim_{|\tilde{\Delta}| \to 0} \sum_{ij} \tilde{f}(u_{i-1}, v_{j-1}) |J(u_{i-1}, v_{j-1})| \delta u_i \delta v_j$$

$$= \iint_{\tilde{D}} \tilde{f}(u, v) |J(u, v)| \mathrm{d}u \mathrm{d}v$$

∎

例題 4.7 領域 $D := \{(x, y) | 1 \leq x+y \leq 4, 0 \leq y-2x \leq 3\}$, 関数 $f(x, y) = x^2 + y^2$ とするとき, $\int_D f$ を求めよ. ◁

(解) $\xi := x + y$, $\eta := y - 2x$ とすると, $x = (\xi - \eta)/3$, $y = (2\xi + \eta)/3$. これから

$$\frac{\partial(x, y)}{\partial(\xi, \eta)} = \begin{vmatrix} \frac{1}{3} & -\frac{1}{3} \\ \frac{2}{3} & \frac{1}{3} \end{vmatrix} = \frac{1}{3}, \quad \tilde{f}(\xi, \eta) = \left(\frac{\xi - \eta}{3}\right)^2 + \left(\frac{2\xi + \eta}{3}\right)^2 = \frac{5\xi^2 + 2\xi\eta + 2\eta^2}{9}$$

したがって, $\tilde{D} := \{(\xi, \eta) | 1 \leq \xi \leq 4, 0 \leq \eta \leq 3\}$ として,

$$\int_D f = \int_{\tilde{D}} \tilde{f} \left|\frac{\partial(x, y)}{\partial(\xi, \eta)}\right|$$

$$= \int_0^3 \mathrm{d}\eta \int_1^4 \mathrm{d}\xi \frac{5\xi^2 + 2\xi\eta + 2\eta^2}{9} \frac{1}{3}$$

$$= \int_0^3 \frac{35 + 5\eta + 2\eta^2}{9} \mathrm{d}\eta = \frac{97}{6}$$

4.5.3 高次元の場合

2 次元の場合と同様に, (1) 領域の変換 (2) 関数の変換 (3) 体積要素の変換である. (1), (2) については明らかであると思う. (3) については 2 次元同様の結果が成り立つ (証明は省略).

命題 4.10 n 変数 $\boldsymbol{x} := (x_1, x_2, \ldots, x_n)$ の関数 $f(\boldsymbol{x})$ の領域 D における Riemann 積分に対して変数変換: $\boldsymbol{x} = \boldsymbol{x}(\boldsymbol{\xi})$, $\boldsymbol{\xi} := (\xi_1, \xi_2, \ldots, \xi_n)$ を行うと次式が成り立つ.

$$\int_D f = \underbrace{\iint \cdots \int_{\tilde{D}}}_{n} \tilde{f}(\boldsymbol{\xi}) |J(\boldsymbol{\xi})| \, \mathrm{d}\xi_1 \mathrm{d}\xi_2 \ldots \mathrm{d}\xi_n$$

ここで $\tilde{D}$ は D に対応する $\boldsymbol{\xi}$ 座標空間の領域, $\tilde{f}(\xi) = f(\boldsymbol{x}(\boldsymbol{\xi}))$ そして $J(\xi)$ は n 変数のヤコビアン

$$J(\boldsymbol{\xi}) \equiv \frac{\partial(x_1, x_2, \ldots, x_n)}{\partial(\xi_1, \xi_2, \ldots, \xi_n)} = \det_{1 \leq i,j \leq n} \left(\frac{\partial x_i}{\partial \xi_j} \right)$$

である. ただし, $\det_{1 \leq i,j \leq n}(\partial x_i / \partial \xi_j)$ は ij 成分を $(\partial x_i / \partial \xi_j)(\boldsymbol{\xi})$ とする $n \times n$ 行列の行列式を表す.

例 4.13 3 次元の極座標 (r, θ, ϕ) ($0 \leq r$, $0 \leq \theta \leq \pi$, $0 \leq \phi \leq 2\pi$) と xyz 座標の関係は

$$x = r \sin\theta \cos\phi, \quad y = r \sin\theta \sin\phi, \quad z = r \cos\theta$$

である (3.6 節の例題 3.3, 図 3.2 参照).

このとき,

$$\frac{\partial(x,y,z)}{\partial(r,\theta,\phi)} = \begin{vmatrix} \frac{\partial x}{\partial r} & \frac{\partial x}{\partial \theta} & \frac{\partial x}{\partial \phi} \\ \frac{\partial y}{\partial r} & \frac{\partial y}{\partial \theta} & \frac{\partial y}{\partial \phi} \\ \frac{\partial z}{\partial r} & \frac{\partial z}{\partial \theta} & \frac{\partial z}{\partial \phi} \end{vmatrix}$$

$$= \begin{vmatrix} \sin\theta\cos\phi & r\cos\theta\cos\phi & -r\sin\theta\sin\phi \\ \sin\theta\sin\phi & r\cos\theta\sin\phi & r\sin\theta\cos\phi \\ \cos\theta & -r\sin\theta & 0 \end{vmatrix} = r^2 \sin\theta$$

◁

である.

例 4.14 半径 R の球の体積を求める. これを $V(R)$ とすると, $D := \{(x,y,z) | x^2 + y^2 + z^2 \leq R^2\}$ として

$$V(R) = \int_D 1$$

であるが，極座標表示では

$$\tilde{D} = \{(r,\theta,\phi) \mid 0 \leq r \leq R,\ 0 \leq \theta \leq \pi,\ 0 \leq \phi \leq 2\pi\}$$

したがって，

$$\begin{aligned}
V(R) &= \int_0^R dr \int_0^\pi d\theta \int_0^{2\pi} d\phi\ r^2 \sin\theta \\
&= \int_0^R dr \int_0^\pi d\theta\ 2\pi r^2 \sin\theta \\
&= \int_0^R dr\ 4\pi r^2 = \frac{4\pi}{3} R^3
\end{aligned}$$

◁

4.6 広義積分

1変数の場合と同様に広義積分を定義することができる．たとえば $v(A) = \infty$ であるような領域 A における広義積分は

$$A_1 \subset A_2 \subset \cdots \subset A$$

となる領域 $v(A_n) < \infty$ を考えて

$$\int_A f := \lim_{n \to \infty} \int_{A_n} f \qquad (\text{存在すれば})$$

とすればよい．

例 4.15 $f(x,y) := e^{-(x^2+y^2)}$, $A := \{(x,y) | x \geq 0,\ y \geq 0\}$ の場合，

$$A_R := \left\{(x,y) \mid x \geq 0,\ y \geq 0,\ x^2 + y^2 \leq R\right\}$$

として，極座標で積分すると

$$\begin{aligned}
\int_{A_R} f &= \int_0^R dr \int_0^{\pi/2} d\theta\ re^{-r^2} \\
&= \frac{\pi}{2} \int_0^R re^{-r^2} dr \\
&= \frac{\pi}{4} \int_0^{R^2} e^{-t} dt
\end{aligned}$$

$$= \frac{\pi}{4}\left(1 - e^{-R^2}\right)$$

$$\therefore \int_A f = \lim_{R\to\infty}\int_{A_R} f = \frac{\pi}{4}$$

◁

注意 4.24 この結果から
$$\int_0^\infty e^{-x^2}dx = \frac{\sqrt{\pi}}{2}$$
がわかる．なぜなら

$$\left\{\int_0^\infty e^{-x^2}dx\right\}^2 = \left\{\int_0^\infty e^{-x^2}dx\right\}\left\{\int_0^\infty e^{-y^2}dy\right\}$$
$$= \int_0^\infty\int_0^\infty e^{-(x^2+y^2)}dxdy$$
$$= \int_A f = \frac{\pi}{4}$$

であって，$\int_0^\infty e^{-x^2}\,dx > 0$ だからである． ◁

例 4.16 $A := \{(x,y,z)|-\infty < x < \infty,\ -\infty < y < \infty,\ -\infty < z < \infty\}$ とし，
$$f(x,y,z) = \frac{1}{\sqrt{x^2+y^2+z^2}}e^{-(x^2+y^2+z^2)}$$
とすると，極座標表示では
$$\tilde{f}(r,\theta,\phi) = \frac{e^{-r^2}}{r}$$
であるので

$$\int_A f = \lim_{\substack{R\to+\infty \\ \rho\to +0}}\int_\rho^R dr\int_0^\pi d\theta\int_0^{2\pi}d\phi\,\frac{e^{-r^2}}{r}r^2\sin\theta$$
$$= 4\pi\int_0^\infty re^{-r^2}dr$$
$$= 2\pi\int_0^\infty e^{-t}\,dt\ =\ 2\pi$$

◁

4.7 多重積分の応用

(1) 閉区間上の累次積分で被積分関数が積で与えられる場合

$D := \{(x,y) | a_1 \leq x \leq b_1,\ a_2 \leq y \leq b_2\},\ f(x,y) = p(x)q(y)$. このとき,

$$\int_D f = \left\{\int_{a_1}^{b_1} p(x)\ \mathrm{d}x\right\}\left\{\int_{a_2}^{b_2} q(y)\ \mathrm{d}y\right\}.$$

(2) 積分の順序交換

例 4.17

$$\int_0^1 \left\{\int_{y^2}^{-y+2} f(x,y)\ \mathrm{d}x\right\} \mathrm{d}y \left(= \int_0^1 \mathrm{d}y \int_{y^2}^{-y+2} \mathrm{d}x\ f(x,y)\right)$$

このとき xy 平面内の積分領域は

$$D = \left\{(x,y)\big|\ y^2 \leq x \leq -y+2,\ 0 \leq y \leq 1\right\}$$
$$= \left\{(x,y)\big|\ 0 \leq y \leq \sqrt{x},\ 0 \leq x \leq 1\right\}$$
$$\cup \left\{(x,y)\big|\ 0 \leq y \leq -x+2,\ 1 \leq x \leq 2\right\}$$

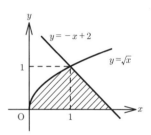

図 **4.15** 領域 D

したがって,

$$\text{与式} = \int_0^1 \mathrm{d}x \int_0^{\sqrt{x}} \mathrm{d}y\ f(x,y) + \int_1^2 \mathrm{d}x \int_0^{-x+2} \mathrm{d}y\ f(x,y)$$

◁

例題 4.8 $\int_0^1 \mathrm{d}x \int_x^1 \mathrm{d}y\ \mathrm{e}^{y^2}$ を求めよ.

(解) 積分の順序を交換して

$$\text{与式} = \int_0^1 \mathrm{d}y \int_0^y \mathrm{d}x\ \mathrm{e}^{y^2} = \int_0^1 \mathrm{d}y\ y\mathrm{e}^{y^2} = \frac{1}{2}\int_0^1 \mathrm{e}^t\ \mathrm{d}t = \frac{\mathrm{e}-1}{2}$$

◁

(3) 変数変換の応用

例 4.18
$$D := \left\{(x,y) \,\middle|\, \frac{x^2}{a^2} + \frac{y^2}{b^2} \leq 1 \right\} \quad (0 < a, b), \qquad f(x,y) = x^2 y^2$$

とするとき $\int_D f$ を求めてみよう．
$x = ar\cos\theta,\ y = br\sin\theta$ とおくと，

$$\tilde{D} = \{(r,\theta)|\ 0 \leq r \leq 1,\ 0 \leq \theta \leq 2\pi\}$$

$$\tilde{f}(r,\theta) = f(x,y) = a^2 b^2 r^4 \cos^2\theta \sin^2\theta = \frac{a^2 b^2}{4} r^4 \sin^2 2\theta = \frac{a^2 b^2}{8} r^4 (1 - \cos 4\theta)$$

ヤコビアンは
$$J(r,\theta) = \begin{vmatrix} a\cos\theta & -ar\sin\theta \\ b\sin\theta & br\cos\theta \end{vmatrix} = abr$$

したがって，
$$\text{与式} = \frac{a^3 b^3}{8} \int_0^1 \mathrm{d}r \int_0^{2\pi} \mathrm{d}\theta\ r^5 (1 - \cos 4\theta)$$
$$= \frac{a^3 b^3 \pi}{4} \int_0^1 r^5 \mathrm{d}r = \frac{a^3 b^3 \pi}{24}$$

◁

(4) 曲面積

命題 4.5 で，回転体の表面積の公式を与えた．ここでは，もっと一般的に 3 次元空間内の滑らかな図形の表面の面積を考えてみよう[*6]．

曲線が一つの媒介変数によって表示されたように，一般に曲面は二つの媒介変数によって表示される．その媒介変数の組を (u,v) としよう．このとき，xyz 座標系で，曲面上の 1 点 P の座標は，$(x(u,v), y(u,v), z(u,v))$ のように，u, v の関数になる．媒介変数のなす uv 平面の領域を I とし，対応する xyz 空間の曲面領域を D とする．

簡単のため，I は閉区間であるとし，
$$\vec{r}(u,v) := \begin{pmatrix} x(u,v) \\ y(u,v) \\ z(u,v) \end{pmatrix}$$

[*6] 厳密な議論は工学教程『ベクトル解析』，『微分幾何学とトポロジー』を参照すること．

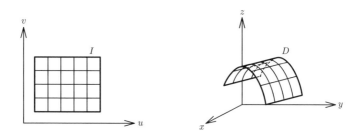

図 4.16 媒介変数の 2 次元区間 I と対応する 3 次元曲面 D

とする．uv 平面の分割 Δ を，

$$\Delta = \{u_0 < u_1 < \cdots < u_m,\ v_0 < v_1 < \cdots < v_n\}$$

とし，$I = \cup_{i=1}^{m} \cup_{j=1}^{n} I_{ij}$，$I_{ij} = [u_{i-1}, u_i] \times [v_{j-1}, v_j]$ とする．これに対応して曲面も分割され，$D = \cup_{i=1}^{m} \cup_{j=1}^{n} D_{ij}$ となる．ただし，D_{ij} の四つの頂点は

$$\vec{r}_{i-1,j-1} := \vec{r}(u_{i-1}, v_{j-1}), \quad \vec{r}_{i,j-1} := \vec{r}(u_i, v_{j-1}),$$
$$\vec{r}_{i-1,j} := \vec{r}(u_{i-1}, v_j),$$
$$\vec{r}_{i,j} := \vec{r}(u_i, v_j)$$

である．このとき，$\delta u_i := u_i - u_{i-1}$, $\delta v_j := v_j - v_{j-1}$ とすると，補題 4.1 の証明と同様の考察により，曲面が十分滑らかである場合には，$|\delta u_i|, |\delta v_j| \ll 1$ では，D_{ij} は二つのベクトル

$$\vec{r}_{i,j-1} - \vec{r}_{i-1,j-1} \fallingdotseq (\delta u_i)\vec{r}_u(u_{i-1}, v_{j-1}) = \delta u_i \begin{pmatrix} x_u(u_{i-1}, v_{j-1}) \\ y_u(u_{i-1}, v_{j-1}) \\ z_u(u_{i-1}, v_{j-1}) \end{pmatrix},$$

$$\vec{r}_{i-1,j} - \vec{r}_{i-1,j-1} \fallingdotseq (\delta v_j)\vec{r}_v(u_{i-1}, v_{i-1}) = \delta v_j \begin{pmatrix} x_v(u_{i-1}, v_{i-1}) \\ y_v(u_{i-1}, v_{i-1}) \\ z_v(u_{i-1}, v_{i-1}) \end{pmatrix}$$

のつくる平行四辺形で近似できることがわかる．

3 次元空間内の二つのベクトル

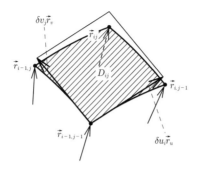

図 4.17 領域 D_{ij} (斜線部) と，$\delta u_i \vec{r}_u, \delta v_j \vec{r}_v$ の張る平行四辺形

$$\vec{a} = \begin{pmatrix} a_1 \\ a_2 \\ a_3 \end{pmatrix}, \vec{b} = \begin{pmatrix} b_1 \\ b_2 \\ b_3 \end{pmatrix}$$

のつくる平行四辺形の面積は，**外積**

$$\vec{a} \times \vec{b} := \begin{pmatrix} a_2 b_3 - a_3 b_2 \\ a_3 b_1 - a_1 b_3 \\ a_1 b_2 - a_2 b_1 \end{pmatrix}$$

の絶対値で与えられるから，この曲面の領域 D の面積 S_D はそれらの総和：

$$\sum_{i=1}^{m} \sum_{j=1}^{n} \left| \vec{r}_u(u_{i-1}, v_{j-1}) \times \vec{r}_v(u_{i-1}, v_{j-1}) \right| \delta u_i \delta v_j$$

で近似できることになる．ここで $|\Delta| \to 0$ の極限を考えれば，S_D は Riemann 積分で与えられることがわかる．実際，次の命題が成り立つ[*7].

命題 4.11 I を媒介変数 uv 平面の面積を確定できる領域とし，曲面 D は $\vec{r}(u,v)$ $((u,v) \in I)$ によって与えられるものとする．$\vec{r}(u,v)$ の各成分が (u,v) の関数として C^1 級であるとき，曲面の面積 S_D は Riemann 積分

$$S_D = \int_I |\vec{r}_u(u,v) \times \vec{r}_v(u,v)| \tag{4.3}$$

によって与えられる．

[*7] むしろ，式 (4.3) を曲面の面積の定義 (の一つ) と考えたほうがよい．

例 4.19 半径 a の球の表面積を，式 (4.3) に従って求めてみよう．極座標表示では，この球面上の 1 点は

$$\vec{r} = \begin{pmatrix} a\sin\theta\cos\phi \\ a\sin\theta\sin\phi \\ a\cos\theta \end{pmatrix}$$

で与えられるので，(θ, ϕ) を媒介変数と考えることができる．すると，

$$\vec{r}_\theta = \begin{pmatrix} a\cos\theta\cos\phi \\ a\cos\theta\sin\phi \\ -a\sin\theta \end{pmatrix}, \quad \vec{r}_\phi = \begin{pmatrix} -a\sin\theta\sin\phi \\ a\sin\theta\cos\phi \\ 0 \end{pmatrix}$$

であるので

$$\vec{r}_\theta \times \vec{r}_\phi = a^2 \sin\theta \begin{pmatrix} \sin\theta\cos\phi \\ \sin\theta\sin\phi \\ \cos\theta \end{pmatrix}, \quad |\vec{r}_\theta \times \vec{r}_\phi| = a^2 \sin\theta$$

したがって，球の表面積は

$$\int_0^\pi \mathrm{d}\theta \int_0^{2\pi} \mathrm{d}\phi\, a^2 \sin\theta = 4\pi a^2$$

となり，例 4.9 の結果に一致する． ◁

例 4.20 $a > b > 0$ とするとき，xyz 空間で $(\sqrt{x^2+y^2}-a)^2 + z^2 = b^2$ で与えられる曲面の面積を求めてみよう[*8]．この曲面は xz 平面で $(x-a)^2 + z^2 = b^2$ で与えられる円を z 軸回りに回転させたものであることに注意すると，次の媒介変数表示を得る．

$$x = (a + b\cos\theta)\cos\phi,\ y = (a + b\cos\theta)\sin\phi,\ z = b\sin\theta$$

ただし，$0 \le \theta \le 2\pi$, $0 \le \phi \le 2\pi$ である．

$$\vec{r}_\theta = \begin{pmatrix} -b\sin\theta\cos\phi \\ -b\sin\theta\sin\phi \\ b\cos\theta \end{pmatrix}, \quad \vec{r}_\phi = \begin{pmatrix} -(a+b\cos\theta)\sin\phi \\ (a+b\cos\theta)\cos\phi \\ 0 \end{pmatrix}$$

[*8] この図形はトーラスであり，いわゆるドーナツ型である．

であるので,
$$\vec{r}_\theta \times \vec{r}_\phi = -b(a+b\cos\theta)\begin{pmatrix}\cos\theta\cos\phi\\\cos\theta\sin\phi\\\sin\theta\end{pmatrix}, \quad |\vec{r}_\theta \times \vec{r}_\phi| = b(a+b\cos\theta)$$

よって表面積は
$$\int_0^{2\pi}\mathrm{d}\theta\int_0^{2\pi}\mathrm{d}\phi\; b(a+\cos\theta) = 4\pi^2 ab$$
である. ◁

4.8 パラメータに関する微積分

微分と積分が交換する:
$$\frac{\mathrm{d}}{\mathrm{d}a}\int f(x;a)\mathrm{d}x = \int \frac{\partial}{\partial a}f(x;a)\mathrm{d}x$$
ことを使えば,たとえば次のような積分値を求めることができる.ただし,必ずしも交換可能であるとは限らない.以下の例では交換可能であり,うまく値を求めることができる.

例 4.21
$$\text{(1)}\;\int_0^\infty x^{2n}\mathrm{e}^{-ax^2}\mathrm{d}x, \quad \text{(2)}\;\int_0^\infty \frac{1}{(x^2+a)^{n+1}}\mathrm{d}x \quad (a>0).$$

(1) では $t=\sqrt{a}x$ として
$$\int_0^\infty \mathrm{e}^{-ax^2}\mathrm{d}x = \frac{1}{\sqrt{a}}\int_0^\infty \mathrm{e}^{-t^2}\mathrm{d}t = \frac{1}{2}\sqrt{\frac{\pi}{a}}$$
また,
$$\int_0^\infty x^{2n}\mathrm{e}^{-ax^2}\mathrm{d}x = \int_0^\infty (-1)^n \frac{\partial^n}{\partial a^n}\mathrm{e}^{-ax^2}\mathrm{d}x$$
したがって,微分と積分を交換し,
$$\int_0^\infty x^{2n}\mathrm{e}^{-ax^2}\mathrm{d}x = (-1)^n \frac{\mathrm{d}^n}{\mathrm{d}a^n}\int_0^\infty \mathrm{e}^{-ax^2}\mathrm{d}x$$
$$= (-1)^n \frac{\mathrm{d}^n}{\mathrm{d}a^n}\sqrt{\frac{\pi}{a}}$$

$$= \frac{\sqrt{\pi}(2n-1)!!}{2^{n+1}a^{n+1/2}}$$

(2) では $x = \sqrt{a}t$ として

$$\int_0^\infty \frac{1}{(x^2+a)}dx = \frac{1}{\sqrt{a}}\int_0^\infty \frac{1}{1+t^2}dt = \frac{\pi}{2\sqrt{a}}$$

したがって,

$$\int_0^\infty \frac{1}{(x^2+a)^{n+1}}dx = \frac{(-1)^n}{n!}\frac{d^n}{da^n}\int_0^\infty \frac{1}{(x^2+a)}dx$$
$$= \frac{(-1)^n}{n!}\frac{d^n}{da^n}\frac{\pi}{2\sqrt{a}}$$
$$= \frac{\pi(2n-1)!!}{2^{n+1}n!}a^{-(n+1/2)}.$$

◁

例 4.22 積分の順序交換を使って次の積分値を示すこともできる.

$$\int_0^\infty \frac{\sin x}{x}dx = \frac{\pi}{2}$$

まず $a > 0$ として

$$\int_0^\infty e^{-ax}\sin x\,dx = \left[-\frac{1}{a}e^{-ax}\sin x\right]_0^\infty + \frac{1}{a}\int_0^\infty e^{-ax}\cos x\,dx$$
$$= \left[-\frac{1}{a^2}e^{-ax}\cos x\right]_0^\infty - \frac{1}{a^2}\int_0^\infty e^{-ax}\sin x\,dx$$
$$= \frac{1}{a^2} - \frac{1}{a^2}\int_0^\infty e^{-ax}\sin x\,dx$$

よって,

$$\int_0^\infty e^{-ax}\sin x\,dx = \frac{1}{1+a^2}$$

これから

$$\int_0^\infty da\int_0^\infty dx e^{-ax}\sin x = \int_0^\infty \frac{1}{1+a^2}\,da = \frac{\pi}{2}$$

一方,

$$\int_0^\infty dx\int_0^\infty da\,e^{-ax}\sin x = \int_0^\infty \frac{\sin x}{x}\,dx$$

であるので, 積分順序の交換が可能であれば上式が成立する.   ◁

以下では, 微分・積分の順序交換可能性について考察する. まず第 2 章で定義した一様収束 (定義 2.7) を一般の場合に拡張しておく.

定義 4.20 (1) $f_n(x)$ $(n=1,2,3,\ldots)$ が領域 A 上で $f(x)$ に一様収束するとは

$${}^\forall \epsilon > 0, \; {}^\exists n_\epsilon \in \mathbb{N} \quad \text{s.t.} \quad n \geq n_\epsilon \implies {}^\forall x \in A, \; |f_n(x) - f(x)| < \epsilon.$$

(2) $\lim_{\lambda \to +0} f(x;\lambda) = f(x;0)$ が x につき A 上で一様収束であるとは

$$ {}^\forall \epsilon > 0, \; {}^\exists \lambda_\epsilon > 0 \quad \text{s.t.} \quad \lambda \leq \lambda_\epsilon \implies {}^\forall x \in A, \; |f(x;\lambda) - f(x;0)| < \epsilon.$$

(λ の極限値は $+0$ 以外でも同様に定義される．)

(3) 広義積分 $\int_a^\infty f_n(x)\mathrm{d}x$ $(n=1,2,3,\ldots)$ が n に関して一様収束するとは

$$ {}^\forall \epsilon > 0, \; {}^\exists R_\epsilon > a \quad \text{s.t.} \quad R \geq R_\epsilon \implies {}^\forall n \in \mathbb{N}, \left| \int_R^\infty f_n(x)\,\mathrm{d}x \right| < \epsilon.$$

同様に，広義積分 $\int_a^\infty f(x;\lambda)\mathrm{d}x$ などが $\lambda \in [\alpha,\beta]$ に関して一様収束するとは，

$$ {}^\forall \epsilon > 0, \; {}^\exists R_\epsilon > a \quad \text{s.t.} \quad R \geq R_\epsilon \implies {}^\forall \lambda \in [\alpha,\beta], \left| \int_R^\infty f(x;\lambda)\,\mathrm{d}x \right| < \epsilon.$$

注意 4.25 領域 A で定義された関数 f に対し

$$\|f\| := \sup{}_{x \in A} |f(x)|$$

を f の A 上の**一様ノルム**とよぶ．一様ノルムを用いると，A 上の関数列 $\{f_n\}$ $(n=1,2,3,\ldots)$ が A 上で f に一様収束することは

$$\lim_{n \to \infty} \|f_n - f\| = 0$$

と書くこともできる． $\triangleleft$

ここで，パラメータを含む積分の交換に関する一連の定理をまとめてあげておく．

定理 4.11 (パラメータを含む積分の交換に関する定理)

(1) 区間 $[a,b]$ で関数列 $f_n(x)$ $(n=1,2,3,\ldots)$ の各々が連続でかつ一様に $f(x)$ に収束すれば，

$$\lim_{n \to \infty} \int_a^b f_n(x)\,\mathrm{d}x = \int_a^b \lim_{n \to \infty} f_n(x)\,\mathrm{d}x \left(= \int_a^b f(x)\,\mathrm{d}x \right)$$

(2) 閉区間 $D := \bigl\{(x,\lambda)\big| a \leq x \leq b,\ \alpha \leq \lambda \leq \beta \bigr\}$ 内で $f(x;\lambda)$ が x および λ に関して連続ならば[*9],D 内で
$$F(\lambda) := \int_a^b f(x;\lambda)\,\mathrm{d}x$$
は λ の関数で,

 (a) $\alpha \leq \lambda \leq \beta$ で $F(\lambda)$ は連続.
 (b) $\displaystyle\int_\alpha^\beta F(\lambda)\,\mathrm{d}\lambda = \int_a^b \mathrm{d}x \int_\alpha^\beta \mathrm{d}\lambda\, f(x;\lambda)$
 (c) さらに偏導関数 $f_\lambda(x;\lambda)$ が D 内で連続ならば
$$\frac{\mathrm{d}}{\mathrm{d}\lambda} F(\lambda) = \int_a^b f_\lambda(x;\lambda)\,\mathrm{d}x.$$

(3) 領域 $D := \bigl\{(x,\lambda)\big| a \leq x,\ \alpha \leq \lambda \leq \beta \bigr\}$ 内で $f(x;\lambda)$ が x および λ に関して連続で,
$$F(\lambda) := \int_a^\infty f(x;\lambda)\,\mathrm{d}x$$
が λ につき一様収束ならば,

 (a) $\alpha \leq \lambda \leq \beta$ で $F(\lambda)$ は連続.
 (b) $\displaystyle\int_\alpha^\beta F(\lambda)\,\mathrm{d}\lambda = \int_a^\infty \mathrm{d}x \int_\alpha^\beta \mathrm{d}\lambda f(x;\lambda)$
 (c) さらに偏導関数 $f_\lambda(x;\lambda)$ が D 内で連続かつ $\int_a^\infty f_\lambda(x;\lambda)\,\mathrm{d}x$ が λ につき一様収束ならば
$$\frac{\mathrm{d}}{\mathrm{d}\lambda} F(\lambda) = \int_a^\infty f_\lambda(x;\lambda)\,\mathrm{d}x.$$

(4) 領域 $a \leq x,\ \alpha \leq \lambda \leq \beta$ で常に
$$|f(x;\lambda)| \leq \phi(x)$$
が成り立ち,広義積分 $\int_a^\infty \phi(x)\,\mathrm{d}x$ が収束すれば,$\int_a^\infty f(x;\lambda)\,\mathrm{d}x$ は λ に関して一様に収束する.

(5) $a \leq x < \infty$ で広義積分可能な関数列 $f_n(x)$ $(n = 1,2,3,\ldots)$ が $f(x)$ に一様収束するものとする.このとき,n にかかわらず $|f_n(x)| \leq \phi(x)$ を満たし広義積分 $\int_a^\infty \phi(x)\,\mathrm{d}x$ が収束する $\phi(x)$ が存在するならば,$\displaystyle\lim_{n\to\infty} b_n = +\infty$ である

[*9] 閉区間で連続であれば,一様連続であることに注意.

任意の数列 $\{b_n\}$ に対して
$$\lim_{n\to\infty}\int_a^{b_n} f_n(x)\,\mathrm{d}x = \int_a^\infty f(x)\,\mathrm{d}x$$

(証明) (1) 定義によって，任意の $\epsilon > 0$ に対して，ある n_ϵ が存在して，$n \geq n_\epsilon$ であれば必ず
$$|f_n(x) - f(x)| < \frac{\epsilon}{b-a}$$
とできる．したがって，
$$\left|\int_a^b f_n(x)\,\mathrm{d}x - \int_a^b f(x)\,\mathrm{d}x\right| \leq \int_a^b |f_n(x) - f(x)|\,\mathrm{d}x < (b-a)\frac{\epsilon}{b-a} = \epsilon$$
であるので，$\lim_{n\to\infty}\int_a^b f_n(x)\,\mathrm{d}x = \int_a^b f(x)\,\mathrm{d}x$．

(2) (a) 閉区間においては連続であれば一様連続である (1 次元の場合に証明を行っているが，2 次元以上でも同様に証明することができる)．すなわち，(一様連続の定義によって) 次の性質が成り立つ．
$$^\forall \epsilon > 0,\ ^\exists \delta_\epsilon > 0 \ \ \mathrm{s.t.} \ \ ^\forall (x,\lambda),\ \ ^\forall (y,\mu) \in D$$
$$\sqrt{(x-y)^2 + (\lambda-\mu)^2} < \delta_\epsilon \implies |f(x;\lambda) - f(y;\mu)| < \epsilon$$

上の式でとくに $x = y$ とし，$\epsilon \to \epsilon/(b-a)$ を考えると

$^\forall \epsilon > 0,\ ^\exists \delta'_\epsilon > 0 \ \ \mathrm{s.t.} \ \ ^\forall x \in [a,b],\ |\lambda - \mu| < \delta'_\epsilon \implies |f(x;\lambda) - f(x;\mu)| < \dfrac{\epsilon}{b-a}$

したがって，任意の $\epsilon > 0$ に対して $|\lambda - \mu| < \delta'_\epsilon$ であれば
$$|F(\lambda) - F(\mu)| \leq \int_a^b |f(x;\lambda) - f(x;\mu)|\,\mathrm{d}x < (b-a)\frac{\epsilon}{b-a} = \epsilon$$
が成り立つ．よって $F(\lambda)$ は連続 (閉区間であるのでさらに一様連続) である．

(b) f は閉区間 D 上連続であり，Riemann 積分可能．よって，累次積分の公式を用いることができ，積分順序の交換が可能である．

(c) $\lim_{h\to 0} \dfrac{F(\lambda+h) - F(\lambda)}{h} = \int_a^b \dfrac{\partial f}{\partial \lambda}(x;\lambda)\,\mathrm{d}x$，すなわち

$^\forall \epsilon > 0,\ ^\exists \delta_\epsilon > 0 \ \ \mathrm{s.t.} \ \ |h| < \delta_\epsilon \implies \left|\dfrac{F(\lambda+h) - F(\lambda)}{h} - \int_a^b \dfrac{\partial f}{\partial \lambda}(x;\lambda)\,\mathrm{d}x\right| < \epsilon$

が成り立つことを示せばよい．$f_\lambda(x;\lambda)$ の一様連続性により，(a) と同様にして

$${}^\forall \epsilon > 0, \ {}^\exists \delta_\epsilon > 0 \quad \text{s.t.} \quad |\mu - \lambda| < \delta_\epsilon \Longrightarrow {}^\forall x, \ |f_\lambda(x;\mu) - f_\lambda(x;\lambda)| < \frac{\epsilon}{b-a}$$

したがって，$|h| < \delta_\epsilon$ ならば，平均値の定理を利用して，ある θ $(0 < \theta < 1)$ が存在し

$$\left| \frac{f(x;\lambda+h) - f(x;\lambda)}{h} - f_\lambda(x;\lambda) \right| = |f_\lambda(x;\lambda+\theta h) - f_\lambda(x;\lambda)| < \frac{\epsilon}{b-a}$$

$$\therefore \ \left| \frac{F(\lambda+h) - F(\lambda)}{h} - \int_a^b f_\lambda(x;\lambda) \, \mathrm{d}x \right|$$
$$= \left| \int_a^b \left\{ \frac{f(x;\lambda+h) - f(x;\lambda)}{h} - f_\lambda(x;\lambda) \right\} \, \mathrm{d}x \right|$$
$$< \frac{\epsilon}{b-a} \times (b-a) = \epsilon$$

よって確かに成立する．

(3) (a) (2) と λ につき広義積分が一様収束していることを用いればよい．

$$F_R(\lambda) := \int_a^R f(x;\lambda) \, \mathrm{d}x$$

とすると，広義積分が一様収束していることから，

$${}^\forall \epsilon > 0, \ {}^\exists R_\epsilon \quad \text{s.t.}$$
$${}^\forall \lambda \in [\alpha, \beta], \ R \geq R_\epsilon \Longrightarrow \left| \int_R^\infty f(x;\lambda) \, \mathrm{d}x \right| = |F(\lambda) - F_R(\lambda)| < \frac{\epsilon}{3}.$$

また，(2)-(a) より $F_R(\lambda)$ は連続であるので，任意の $\epsilon > 0$ に対して，ある δ_ϵ が存在して，

$${}^\forall \lambda, {}^\forall \mu, \ |\lambda - \mu| < \delta_\epsilon \Longrightarrow |F_R(\lambda) - F_R(\mu)| < \frac{\epsilon}{3}$$

したがって，任意の $\epsilon > 0$ に対して，ある $\delta_\epsilon > 0$ が存在し，$|\lambda - \mu| < \delta_\epsilon$ であるなら，$R \geq R_\epsilon$ として

$$|F(\lambda) - F(\mu)| \leq |F(\lambda) - F_R(\lambda)| + |F_R(\lambda) - F_R(\mu)| + |F_R(\mu) - F(\mu)|$$
$$< \frac{\epsilon}{3} + \frac{\epsilon}{3} + \frac{\epsilon}{3} = \epsilon$$

である．したがって，$F(\lambda)$ は連続である．
(b) (2)-(b) より，任意の R ($a < R < \infty$) に対して
$$\int_\alpha^\beta F_R(\lambda)\,\mathrm{d}\lambda = \int_a^R \mathrm{d}x \int_\alpha^\beta \mathrm{d}\lambda\, f(x;\lambda)$$
また，仮定により広義積分 $\lim_{R\to\infty} F_R(\lambda) = \int_a^\infty f(x;\lambda)\,\mathrm{d}x$ は λ につき一様収束している．したがって，(1) で $n \leftrightarrow R$, $x \leftrightarrow \lambda$ と考えれば，
$$\int_\alpha^\beta \mathrm{d}\lambda \lim_{R\to\infty} F_R(\lambda) = \lim_{R\to\infty} \int_\alpha^\beta F_R(\lambda)\,\mathrm{d}\lambda$$
である．ゆえに
$$\int_\alpha^\beta \lim_{R\to\infty} F_R(\lambda)\,\mathrm{d}\lambda = \lim_{R\to\infty} \int_a^R \mathrm{d}x \int_\alpha^\beta \mathrm{d}\lambda\, f(x;\lambda)$$
となって，$\int_\alpha^\beta F(\lambda)\,\mathrm{d}\lambda = \int_a^\infty \mathrm{d}x \int_\alpha^\beta \mathrm{d}\lambda f(x;\lambda)$
(c) $f_\lambda(x;\lambda)$ は領域 D において連続かつ広義積分が λ につき一様収束するので，(1) によって $\int_a^\infty f(x;\lambda)\,\mathrm{d}x$ は $\lambda \in [\alpha,\beta]$ において連続である．したがって，微積分学の基本定理より，与式の両辺を積分したものが与式と同値になる．よって
$$\int_a^\infty f(x;\lambda)\,\mathrm{d}x - \int_a^\infty f(x;\alpha)\,\mathrm{d}x = \int_\alpha^\lambda \mathrm{d}\lambda \int_a^\infty f_\lambda(x;\lambda)$$
を示せばよい．しかしながら (2) によって
$$\int_\alpha^\lambda \mathrm{d}\lambda \int_a^\infty \mathrm{d}x\, f_\lambda(x;\lambda) = \int_a^\infty \mathrm{d}x \int_\alpha^\lambda \mathrm{d}\lambda\, f_\lambda(x;\lambda)$$
$$= \int_a^\infty \{f(x;\lambda) - f(x;\alpha)\}\,\mathrm{d}x$$
$$= \int_a^\infty f(x;\lambda)\,\mathrm{d}x - \int_a^\infty f(x;\alpha)\,\mathrm{d}x$$
よって証明された．

(4) $\phi(x)$ は広義積分可能であるから
$${}^\forall \epsilon > 0,\ {}^\exists R_\epsilon\ \text{s.t.}\ \ R \geq R_\epsilon \implies \left|\int_R^\infty \phi(x)\,\mathrm{d}x\right| < \epsilon$$
が成り立つ．したがって，任意の $\epsilon > 0$ に対してこの R_ϵ を選べば，$\phi(x) \geq 0$ に注意して
$${}^\forall \lambda \in [\alpha,\beta],\ R \geq R_\epsilon \implies \left|\int_R^\infty f(x;\lambda)\,\mathrm{d}x\right| \leq \int_R^\infty |f(x;\lambda)|\,\mathrm{d}x \leq \left|\int_R^\infty \phi(x)\,\mathrm{d}x\right| < \epsilon$$

となるから，λ につき一様収束している．

(5) 省略. ∎

注意 4.26 定理 2.10 は，上で述べたパラメータと積分の交換に関する定理から導かれる．$\{f_n\}$ が閉区間 I 上の C^1 級関数列とすると，$x, a \in I$ に対して

$$f_n(x) = f_n(a) + \int_a^x f_n'(t)\,dt$$

したがって，$\lim_{n \to \infty} f_n(x) = f(x)$, $\lim_{n \to \infty} f_n'(x) = g(x)$ とすると，定理 4.11 (1) より，

$$f(x) = f(a) + \int_a^x g(t)\,dt$$

この両辺を微分すれば $f'(x) = g(x)$ となる． ◁

注意 4.27 定理 2.14 と注意 2.10 に述べたように，定理 4.11(1) を用いて，べき級数は収束半径内で項別微分・積分が可能であることを示すことができる． ◁

例題 4.9 $\int_0^1 \dfrac{x^\lambda - 1}{\log x}\,dx$ $(\lambda \geq 0)$ を求めよ． ◁

(解) $F(\lambda) := \int_0^1 \dfrac{x^\lambda - 1}{\log x}\,dx$ とおくと，(パラメータの微分と積分の交換性を使って)

$$F'(\lambda) = \int_0^1 x^\lambda\,dx = \left[\frac{x^{\lambda+1}}{\lambda+1}\right]_0^1 = \frac{1}{\lambda+1}$$

よって

$$F(\lambda) = F(0) + \int_0^\lambda F'(\lambda)\,d\lambda = F(0) + \log(1 + \lambda)$$

ところが，$F(0) = 0$ であるから，$F(\lambda) = \log(1 + \lambda)$．

例題 4.10 $\int_0^\infty e^{-x^2 - \frac{\lambda^2}{x^2}}\,dx$ $(\lambda \geq 0)$ を求めよ． ◁

(解) $I(\lambda) := \int_0^\infty e^{-x^2 - \frac{\lambda^2}{x^2}}\,dx$ とする．$\lambda > 0$ として，変数変換 $\xi = 1/x$ を行うと

$$\frac{dI}{d\lambda}(\lambda) = -2\lambda \int_0^\infty e^{-x^2 - \frac{\lambda^2}{x^2}} \frac{1}{x^2}\,dx$$

$$= -2\lambda \int_0^\infty e^{-\lambda^2 \xi^2 - \frac{1}{\xi^2}} \, d\xi$$
$$= -2 \int_0^\infty e^{-y^2 - \frac{\lambda^2}{y^2}} \, dy = -2I(\lambda)$$

したがって, $I(\lambda) = I(+0)e^{-2\lambda}$. ところが $I(0) = \sqrt{\pi}/2$ であるので

$$I(\lambda) = \frac{\sqrt{\pi}}{2} e^{-2\lambda}.$$

参 考 文 献

[**全般**] 標準的な教科書をいくつか記す.

[1] 杉浦光夫：解析入門 I,II, 東京大学出版会, 1980.
[2] 高木貞治：解析概論, 岩波書店, 1983.
[3] 金子 晃：数理系のための基礎と応用 微分積分 I, II, サイエンス社, 2000.

[第 1 章]

[4] H.D.Ebbinghaus et al.: *Zahlen*, Springer-Verlag, 3rd ed., 1992. (成木勇夫 訳：数 (上・下) (第 2 版の邦訳), シュプリンガー・フェアラーク東京).
[5] 杉浦光夫：解析入門 I, 東京大学出版会, 1980 (第 1 章 3 節).

[第 2 章]

[6] 森 正武：数値解析, 共立出版, 1973 (第 2 章).

[第 3 章]

[7] 杉浦光夫：解析入門 II, 東京大学出版会, 1980 (1 章 1,2 節).
[8] 坪井 俊：幾何学 I 多様体入門, 東京大学出版会, 2005.
[9] 戸田盛和：楕円関数入門, 日本評論社, 2001.
[10] 齋藤 毅：集合と位相, 東京大学出版会, 2009.

[第 4 章]

[11] 森 正武：数値解析, 共立出版, 1973 (第 5 章).

索　引

欧　文

ϵ 近傍 (ϵ neighbourhood)　107
Abel (アーベル) の定理 (Abel's theorem)　63
Archimedes(アルキメデス) の公理 (axiom of Archimedes)　19
Borzano–Weierstrass の定理 (Borzano–Weierstrass theorem)　19
C^n 級 (class C^n)　46, 87
Cantor (カントール) の 3 進集合 (middle-thirds Cantor set)　153
Cauchy (コーシー) の判定法 (Cauchy's test)　59
Cauchy(コーシー) 列 (Cauchy sequence)　18
Cauchy-Hadamard の定理 (Cauchy-Hadamard's theorem)　69
Cauchy の収束条件 (Cauchy's criterion)　19
d'Alembert (ダランベール) の判定法 (d'Alembert's test)　59
Darboux (ダルブー) の定理 (Darboux theorem)　126
Dedekind (デデキント) の公理 (Dedekind axiom)　10
Euclid (ユークリッド) 距離 (Euclidean distance)　106
Euclid 空間 (Euclidean space)　106
Euler(オイラー) の公式 (Euler's formula)　29
Fourier (フーリエ) 級数展開 (Fourier series expansion)　56
Heine-Borel の定理 (Heine-Borel theorem)　114
Hesse (ヘッセ) 行列 (Hesse matrix)　95
l'Hôpital (ロピタル) の定理 (l'Hôpital's rule)　45
Lagrange (ラグランジュ) の未定乗数法 (Lagrange multiplier method)　102
Lagrange の未定乗数 (Lagrange multiplier)　102
Landau (ランダウ) 記号 (Landau symbol)　52
Lebesgue (ルベーグ)　153
Leibniz (ライプニッツ) 則 (Leibniz's rule)　41
n 階導関数 (n-th derived function)　45
n 変数関数 (n variable function)　75
Napier(ネイピア) の数 (Napier's number)　29
Newton (ニュートン) 法 (Newton method)　55
p 進距離 (p-adic metric)　107
Riemann (リーマン) 積分 (Riemann integral)　117
Riemann 積分可能 (Riemann integrable)　118
Riemann 和 (Riemann sum)　117, 138
Rolle (ロル) の定理 (Rolle's theorem)　47
Sympson (シンプソン) の公式 (Sympson's rule)　138
Taylor (テイラー) の公式 (Taylor's theorem)　47
Taylor 展開 (Taylor expansion)　51
Weierstrass (ワイエルシュトラス) の定理 (Weierstrass theorem)　12

あ　行

アーベルの定理 → Abel の定理　63

アルキメデスの公理 → Archimedes の公理　19
鞍点 (saddle point)　90
位相 (topology)　110
位相空間 (topological space)　110
一様収束 (uniform convergence)　65, 172
一様ノルム (uniform norm)　173
一様連続 (uniformly continuous)　130
陰関数 (implicit function)　98
陰関数定理 (implicit function theorem)　99
上に有界 (bounded from above)　17
オイラーの公式 → Euler の公式　29
凹関数 (concave function)　97

か行

開球 (open ball)　107
開近傍 (open neighbourhood)　112
開集合 (open set)　109
開集合系 (system of open sets)　110
外積 (cross product)　169
解析関数 (analytic function)　52
開被覆 (open cover)　113
下界 (lower bound)　11
可換環 (abelian ring)　5
可換群 (abelian group)　5
下極限 (limit inferior)　24
各点収束 (pointwise convergence)　65
加群 (module)　5
下限 (infimum)　11
環 (ring)　5
関数 (function)　28
関数列 (sequence of functions)　65
完備 (complete)　108
逆関数 (inverse function)　32
逆三角関数 (inverse trigonometric function)　28
逆双曲線関数 (inverse phyperbolic function)　28
級数 (series)　26

境界 (boundary)　110
狭義単調減少関数 (strictly decreasing monotone function)　32
狭義単調減少数列 (strictly decreasing monotone sequence of numbers)　16
狭義単調増加関数 (strictly increasing monotone function)　32
狭義単調増加数列 (strictly increasing monotone sequence of numbers)　16
極限 (limit)　34
極座標 (polar coordinate)　155
極小値 (local minimum)　89
曲線 (curve)　80
　——の長さ　144
極大値 (local maximum)　89
極値 (extremum)　89
曲面 (curved surface)　103
曲面積 (surface area)　167
距離 (distance)　106
距離空間 (metric space)　106
近傍 (neighbourhood)　112
区間縮小法　19
群 (group)　5
継承的 (recursive)　7
原始関数 (antiderivative)　117
高階偏導関数 (partial derivative of higher order)　85
広義一様収束 (uniform convergence in the wider sense)　66
広義積分 (improper integral)　139
コーシーアダマールの定理 → Cauchy-Hadamard の定理　69
コーシーの判定法 → Cauchy の判定法　59
コーシー列 → Cauchy 列　18
交代級数 (alternating series)　26
項別積分 (termwise integration)　73
項別微分 (termwise differentiation)　72
孤立点 (isolated point)　109
コンパクト (compact)　112

さ 行

最小元 (minimum element)　10
最大元 (maximum element)　10
最大値の定理 (extreme value theorem)　33
細分 (subdivision)　119
三角関数 (trigonometric function)　28
3次元の極座標 (three dimensional polar coordinate)　93
指数関数 (exponential function)　28
四則演算 (arithmetic operation)　4
下に有界 (bounded from below)　17
実数 (real number)　4
集積値 (accumulation value)　16
集積点 (accumulation point)　109
収束する (convergent)　14
収束半径 (convergence radius)　68
従属変数 (dependent variable)　28
順序 (order)　4
順序集合 (ordered set)　5
上界 (upper bound)　11
上極限 (limit superior)　24
上限 (supremum)　5, 11
条件収束 (conditionally convergence)　26
初等関数 (elementary function)　28
シンプソンの公式 → Sympson の公式　138
正項級数 (nonnegative term series)　57
積分の平均値の定理 (mean value theorem for integrals)　135
絶対収束 (absolutely convergence)　26
絶対収束 (absolutely convergent)　141
絶対値 (absolute value)　10
零集合 (null set)　153
全射 (surjection)　63
全順序集合 (totally ordered set)　5
全順序体 (totally ordered field)　8
線積分 (line integral)　83
全単射 (bijection)　63
全微分 (total differential)　80
全微分可能 (totally differentiable)　77
全有界 (totally bounded)　113
双曲線関数 (hyperbolic function)　28
相対位相 (relative topology)　111

た 行

体 (field)　5
台形公式 (trapezoidal rule)　138
対数関数 (logarithmic function)　28
代数多様体 (algebraic variety)　103
楕円曲線 (elliptic curve)　104
多価関数 (multi-valued function)　33
多項式 (polynomial)　28
多重積分 (multiple integral)　150
多変数関数 (multivariable function)　75
多様体 (manifold)　103
ダランベールの判定法 → d'Alembert の判定法　59
ダルブーの定理 → Darboux の定理　126
単射 (injection)　63
単調減少関数 (monotonically decreasing function)　32
単調減少数列 (monotonically decreasing sequence of numbers)　16
単調増加関数 (monotonically increasing function)　32
単調増加数列 (monotonically increasing sequence of numbers)　16
単調列 (monotonic sequence)　19
置換積分 (integration by substitution)　138
中間値の定理 (intermediate value theorem)　33
超曲面 (hypersurface)　103
定積分 (definite integral)　117
テイラー展開 → Taylor 展開　51
テイラーの公式 → Taylor の公式　47
デデキントの公理 → Dedekind の公理　10
点列コンパクト (sequencially compact)　112
導関数 (derived function, derivative)　41
同相 (homeomorphic)　114
同相写像 (homeomorphism)　114

特性関数 (characteristic function) 153
独立変数 (independent variable) 28
凸関数 (convex function) 97
凸集合 (convex set) 97

な 行

内点 (interior point) 110
内部 (interior) 110
二重級数 (double series) 61
ニュートン法 → Newton 法 55

は 行

媒介変数 (parameter) 80
ハイネ-ボレルの定理 →Heine-Borel の定理 114
発散する (divergent) 14
半正定値 (semipositive-definite) 97
微積分学の基本公式 (fundamental formula of calculus) 136
微積分学の基本定理 (fundamental theorem of calculus) 135
左極限 (left limit) 34
微分可能 (differentiable) 41, 78
フーリエ級数展開 → Fourier 級数展開 56
不定積分 (indefinite integral) 137
部分積分 (partial integration) 137
部分列 (subsequence) 16
不連続 (discontinuous) 35
分割 (tagged partition) 117
平均値の定理 (mean value theorem) 48
　　一般化された―― 48
閉集合 (closed set) 110
閉包 (closure) 110
べき級数 (power series) 67
ヘッシアン (Hessian) 95
偏導関数 (partial derivative) 77
偏微分 (partial differentiation) 77
包絡線 (envelope) 104
包絡面 (enveloping surface) 104

ま 行

右極限 (right limit) 34
無限数列 (infinite sequence of numbers) 14

や 行

ヤコビアン (Jacobian) 158
有界 (bounded) 5, 17, 107
ユークリッド距離 →Euclid 距離 106
有限体 (finite field) 6
有理関数 (rational function) 28

ら 行

ライプニッツ則 → Leibniz 則 41
ラグランジュの未定乗数 →Lagrange の未定乗数 102
ラグランジュの未定乗数法 →Lagrange の未定乗数法 102
ランダウ記号 → Landau 記号 52
リーマン積分 → Riemann 積分 117
リーマン積分可能 → Riemann 積分可能 118
リーマン和 → Riemann 和 138
累次積分 (iterated integral) 151
ルベーグ → Lebesgue 153
零集合 (null set) 153
連続 (continuous) 35
連続関数 (continuous function) 35
連続写像 (continuous mapping) 114
連続の公理 (axiom of continuity) 4
ロピタルの定理 → l'Hôpital の定理 45
ロルの定理 → Rolle の定理 47

わ 行

ワイエルシュトラスの定理 → Weierstrass の定理 12

東京大学工学教程

編纂委員会	光石　　衛 (委員長)
	相田　仁彦
	北森　武彦
	小芦　雅斗
	佐久間一郎
	関村　直人
	高田　毅士
	永長　直人
	野地　博行
	原田　昇
	藤原　毅夫
	水野　哲孝
	吉村　忍 (幹事)
数学編集委員会	永長　直人 (主査)
	岩田　覚
	竹村　彰通
	室田　一雄
物理編集委員会	小芦　雅斗 (主査)
	押山　淳
	小野　靖志
	近藤　高志
	高木　周
	高木　英典
	田中　雅明
	陳　昱
	山下　晃一
	渡邉　聡
化学編集委員会	野地　博行 (主査)
	加藤　隆史
	高井まどか
	野崎　京子
	水野　哲孝
	宮山　勝
	山下　晃一

2015 年 10 月

著者の現職

時弘哲治(ときひろ・てつじ)
東京大学大学院数理科学研究科離散数理学大講座　教授

東京大学工学教程　基礎系　数学
微積分

平成 27 年 11 月 30 日　発　行

編　者　東京大学工学教程編纂委員会

著　者　時　弘　哲　治

発行者　池　田　和　博

発行所　丸善出版株式会社
　　　　〒101-0051　東京都千代田区神田神保町二丁目17番
　　　　編集：電話(03)3512-3266／FAX(03)3512-3272
　　　　営業：電話(03)3512-3256／FAX(03)3512-3270
　　　　http://pub.maruzen.co.jp/

ⓒ The University of Tokyo, 2015
印刷・製本／三美印刷株式会社
ISBN 978-4-621-08989-7 C 3341　　　　Printed in Japan

JCOPY〈(社)出版者著作権管理機構　委託出版物〉
本書の無断複写は著作権法上での例外を除き禁じられています．複写される場合は，そのつど事前に，(社)出版者著作権管理機構(電話 03-3513-6969, FAX 03-3513-6979, e-mail : info@jcopy.or.jp)の許諾を得てください．